国家自然科学基金项目(52004120)资助

系统故障演化过程与博弈现象研究

李莎莎　崔铁军　著

中国矿业大学出版社
·徐州·

内 容 提 要

本书主要研究系统故障演化过程中因素的重要度、故障模式以及在系统故障演化过程中出现的博弈现象。具体包括：系统故障状态等级研究、动态故障模式识别方法、网络中因素权重确定方法、因素主客观权重确定方法、故障抑制措施成本效益分析、操作者与管理者行为博弈演化与收益、系统博弈综合收益分析、三层博弈演化系统价值分析和系统故障预防方案确定方法。本书使用简单的系统和故障记录作为研究实例进行分析，得到了一些具有规律和积极意义的结论。

本书可供应用安全系统工程方法研究和解决相关问题的科研人员学习，也可供相关安全工程专业的研究生阅读参考。

图书在版编目（CIP）数据

系统故障演化过程与博弈现象研究/李莎莎，崔铁

军著.—徐州：中国矿业大学出版社，2023.7

ISBN 978-7-5646-5886-1

Ⅰ.①系… Ⅱ.①李… ②崔… Ⅲ.①安全系统工程

—研究 Ⅳ.①X913.4

中国国家版本馆 CIP 数据核字（2023）第 131410 号

书　　名	系统故障演化过程与博弈现象研究
著　　者	李莎莎　崔铁军
责任编辑	陈红梅
出版发行	中国矿业大学出版社有限责任公司
	（江苏省徐州市解放南路　邮编 221008）
营销热线	（0516）83885370　83884103
出版服务	（0516）83995789　83884920
网　　址	http://www.cumt.com　E-mail：cumtpvip@cumt.com
印　　刷	徐州中矿大印发科技有限公司
开　　本	787 mm×1092 mm　1/16　印张 8　字数 152 千字
版次印次	2023 年 7 月第 1 版　2023 年 7 月第 1 次印刷
定　　价	40.00 元

（图书出现印装质量问题，本社负责调换）

前　言

在系统运行过程中,系统的安全性和收益可从人、机、环境、管理4个方面论证。机子系统是其中最为可靠的系统,在规定时间内和规定条件下一般不发生故障,可保证系统稳定运行。机子系统发生故障主要是人子系统采取的不当操作或不安全行为造成的。环境子系统受到系统运行空间内各种调节措施的限制,其变化一般受到系统的严格控制;同时,环境子系统的改变主要作用于人子系统,通过人子系统转化为人的不安全行为。管理子系统则约束人的不安全行为和不当操作。由此可见,人(系统的管理者和操作者)在系统故障演化过程中起着决定性作用,人的行为可改变演化过程,同时也改变了各方的收益。系统的管理者可使用奖励和惩罚行为来应对操作者的安全和不安全行为,从而保障系统可靠、安全,最终获得安全方面的收益。在系统运行过程中,系统的实际操作者或工作者与系统的管理者或所有者围绕操作者收益和管理者收益展开博弈。博弈目标是在对方承受范围内,使己方的收益最大化。系统整体收益和各方收益是变化的,不但受到各因素变化和故障模式的影响,还受到操作者和管理者双方采取的不同应对行为的影响。这些问题不仅是对安全科学基础理论提出的挑战,而且也需要智能科学、数据科学、系统科学、信息科学等的参与。

为了解决这些问题,笔者将上述故障过程定义为系统故障演化过程,在所提出的空间故障树理论基础上,进一步提出空间故障网络理论。本书是在空间故障网络理论框架下进行的研究,力求确定系统故障演化过程中各因素的权重、故障模式,以及演化过程中管理者和操作者双方博弈给故障演化带来的影响和过程中双方收益的变化情况。

本书主要研究内容包括：第1章为绪论；第2章为系统故障状态等级研究，提出一种基于突变级数和改进AHP的系统故障状态等级确定方法；第3章为动态故障模式识别方法，以不同因素影响下的故障数量变化为基础提出动态故障模式识别方法；第4章为网络中因素权重确定方法研究，提出一种考虑层次结构和网络特征联系的因素权重确定方法；第5章为因素主客观权重确定，提出因素主客观综合权重确定方法，以层次分析确定主观权重，空间故障树确定客观权重，博弈方法确定综合权重；第6章为故障抑制措施成本效益分析，提出一种基于空间故障网络（SFN）的系统故障抑制措施成本效益分析方法；第7章为操作者与管理者行为博弈演化与收益，基于系统故障演化过程（SFEP）表示的空间故障网络，提出博弈演化与收益分析方法；第8章为系统博弈综合收益分析，提出基于空间故障网络和博弈论的系统收益分析方法；第9章为三层博弈演化系统价值分析，提出一种三层博弈演化分析方法，行为的选择构成第一层博弈，事件功能价值变化构成了第二层博弈，多个事件相互作用构成第三层博弈；第10章为系统故障预防方案确定方法，提出一种基于空间故障网络和网络攻击博弈模型（NADG）的系统故障预防方案确定方法。

本书注重通过空间故障网络研究系统故障演化过程，特别是对演化过程中的因素权重、故障模式识别，以及过程中参与者博弈得到的收益进行了深入研究。本书内容新颖并结合实例分析，但数学方法使用较多，需要读者有一定的数学基础和系统思维，并对安全系统工程、博弈论、智能分析方法有所了解。

本书出版得到了国家自然科学基金项目（52004120）的资助，书中引用了部分国内外相关文献的成果，在此表示感谢！

限于作者水平和学识，书中难免存在疏漏之处，敬请读者批评指正。

著 者

2022年12月

目　　录

第1章 绪 论

　　系统故障过程受到很多因素影响,内在的包括元件故障特性和元件组成系统的结构,外在的包括使元件故障特性改变的所有因素。因此,在描述系统故障过程时至少要考虑元件故障特性、系统结构和影响因素。系统故障过程中的各种事件是相互作用的,在特定因素影响下,宏观上伴有随机向特定系统故障发展的趋势,而微观上事件间存在因果关系。这些导致系统故障过程以网络结构的形式存在。系统建成后元件和结构固定,其故障过程主要取决于因素影响,而不同因素影响故障过程的程度也是不同的。因此,确定系统故障演化过程中的因素及其权重是解决上述问题的关键。

　　在系统故障过程中,系统故障模式识别也是非常重要的问题。系统故障模式识别是基于已有系统故障标准模式识别系统故障样本模式的过程,旨在对样本故障模式的特征及其对应预防治理措施给出依据。系统故障标准模式是系统已经出现的相对重要的故障状态,且针对该故障状态制定了完备的预防治理措施。对所有新出现的故障样本模式,不可能再针对其特点重新制定预防治理措施,而是根据故障标准模式识别故障样本模式,从而对新的故障样本模式采取已有措施,降低预防治理系统故障的成本并提高效率。因此,结合多因素对故障过程的影响,故障模式分析更为困难。

　　在实际系统运行过程中,系统的安全性和收益可从人、机、环境、管理4个方面论证。机子系统是其中最为可靠的系统,在规定时间内和规定条件下一般不发生故障,可保证系统的稳定收益。环境子系统一般受到空间内各种调节措施的限制,因而变化不大。机子系统发生故障主要是人子系统采取的不当操作或不安全行为造成的。环境子系统改变主要作用于人子系统转化为人的不安全行为。管理子系统主要约束人的不安全行为和不当操作。系统的管理者可使用奖励和惩罚行为应对操作者的安全和不安全行为,从而保障系统可靠、安全,获得安全方面的收益,比如安全收益、经济收益、质量收益等。在系统运行过程中,系统的实际操作者或工作者与系统的管理者或所有者围绕操作者收益和管理者收益展开博弈。其博弈的目标是在对方承受范围内使己方的收益最大化。那么，在系统故障过程中，系统整体收益和各方收益是变化的，不但受到各因素变化和故障模式的影响，还受到操作者和管理者双方采取的不同应对行为的影响。因此，故障过程可以看作双方根据不同因素和故障模式采取不同行为之后双方收益的博弈过程，同时也影响着系统整体的收益情况。

为了解决上述问题，笔者将上述故障过程定义为系统故障演化过程，并且在提出的空间故障树理论基础上进一步提出空间故障网络理论。本书是在空间故障网络理论框架下进行的研究，主要内容包括：系统故障状态等级研究、动态故障模式识别方法、网络中因素权重确定方法、因素主客观权重确定方法、故障抑制措施成本效益分析、操作者与管理者行为博弈演化与收益、系统博弈综合收益分析、三层博弈演化系统价值分析和系统故障预防方案确定方法。本书旨在确定系统故障演化过程中各因素的权重、故障模式，以及演化过程中管理者和操作者双方博弈给故障演化带来的影响和过程中双方收益的变化情况。

1.1 系统故障演化过程

无论是自然灾害，还是人工系统故障，都是一种演化过程。宏观上表现为众多事件遵从一定发生顺序的组合，而微观上则是事件之间的相互作用，一般呈现众多事件的网络连接形式[1-5]。这里，自然系统是指遵循自然规律、由自然力且非人工建立的系统，如天体系统、生态系统、原子系统等；灾害是指影响人们生产生活的自然灾害，如冲击地压、滑坡等。人工系统指按照一定目的遵循自然规律的人造系统；故障是指人们生产、生活中的系统完成能力的下降或失效。影响因素、故障模式及演化过程的不同，导致各类自然系统灾害和人工系统故障的系统故障演化过程具有多样性，但目前缺乏系统层面的研究和分析方法，这些给研究和防治工作带来巨大困难[1-2,5]。

据法国宇航防务网站报道，F-35战机最致命的缺陷是一旦燃料超过一定温度，战机将无法运转。该报道还称，美国空军网站最早公布的照片显示：一辆外表重新喷涂过的燃料车，其说明上写着"F-35战机存在燃料温度阈值，如果燃料温度太高，那么将无法工作"。有关研究认为，将燃料车涂为白色或绿色以反射阳光照射的热量是美国空军应对F-35战机燃料温度问题的临时办法之一。当然，还有一种措施是重新规划停车场，保证机场的燃料车能停放在阴凉的地方[6]。飞机设计阶段往往很少充分研究飞机使用过程的环境因素

（如温度、相对湿度、气压、使用时间等）对可靠性的影响，导致飞机在实际使用过程中故障频出，严重影响着飞机原设计功能的实现。F-35 战机是信息化作战平台，飞行及维护过程数据是实时记录的，这些系统运行时记录的数据蕴含着系统故障及其变化特征。然而，由于缺乏相应的 SFEP 分析方法，交付的 280 架 F-35 战机只有 50% 可以正常使用，特别是早期生产的 F-35 战机故障率非常高[7]。洛克希德·马丁公司对已交付的 F-35 战机的运行数据进行了故障特征分析，认为 2020 年飞机可靠性可提高到 70%[7]。上述事实表明，由于系统运行得到的故障数据未进行有效分析，难以确定油温升高对飞机各元件故障变化程度以及油温因素与飞机故障过程之间的关系，导致飞机故障发生过程中各元件失效、各元件之间意外交互、失效因果关系及失效传递情况分析困难，SFEP 分析失败[1-2]。同样的问题也出现在我国，比如高铁在高寒、高海拔地区的故障过程分析难以确定[8]。研究表明，高寒、高海拔地区运行高铁的速度、时间和运量与一般地区的情况不同。由于不同环境对高铁运行的可靠性影响不同，因此高铁前期研制和运行测试阶段累积的大量数据为保证高铁 SFEP 分析起到关键作用。当然在深海中，高压低温潜航设备故障过程也同样存在这类问题[9]。

文献[10]给出了三级往复式压缩机的第一级故障过程描述。研究人员对该过程进行了归纳和描述，见图 1.1。从图 1.1 可知，压缩机第一级 SFEP 与众多元件及其发生的事件相关，这些元件故障的发生至少受到温度和压力因素的影响；同时，故障表象蕴含在实时监测的数据之中。因此，需要通过故障数据和影响因素分析各元件失效、各元件之间意外交互、失效因果关系及失效传递情况，但目前研究中缺乏相应的分析方法。

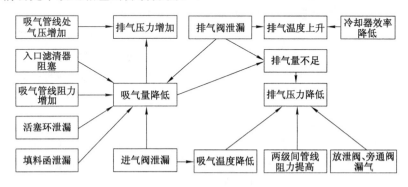

图 1.1 三级往复式压缩机的第一级 SFEP

研究人员在研究冲击地压及露天矿区灾害演化时也遇到类似情况，冲击地压过程是一个复杂的动力系统演化过程。具体影响因素很多,单纯通过力学试验和现场数据而不从系统层面研究,一般难以有效地诠释煤(岩)体变形、裂隙发展、飞石抛射和坍塌的复杂 SFEP[11]。尽管从矿山收集的冲击地压数据较多,但是现有方法分析各阶段事件及影响因素仍较为困难。因此,在不清楚过程中各事件逻辑关系及各因素作用情况下,人们往往难以研究冲击地压过程的演化过程。

在研究某露天矿区灾害演化时,认为涉及的灾害因素和监控数据很多,应系统分析地表变形、水污染和大气污染等重点灾害。研究表明,这些重点灾害与开采活动、水、火、矿震等因素之间存在相互交织的复杂网络关系[12]。某露天矿北帮灾害 SFEP 如图 1.2 所示。由于现有分析方法难以描述这些灾害演化过程影响因素、灾害数据分析、各阶段划分及其特征,因此我国今后这些方面的研究和防治工作面临极大的困难。

综上所述,飞机、高铁及压缩机失效属于人工系统故障,而冲击地压和矿区灾害属于自然系统灾害。从系统层面上讲,它们的内部事件及结构关系、影响因素作用和故障数据处理方式等具有模式上的相似性,均可以抽象为 SFEP。然而,在面对多影响因素、故障数据量大且多样、SFEP 多变问题时,现有分析方法难以胜任。因此,研究普适的 SFEP 分析及干预方法对今后人们的生产、生活具有重要意义,特别是在工矿、交通、医疗、军事等复杂且又关系人民群众生命财产和具有国家战略意义的领域就更为重要了,已成为安全科学、系统科学、数据科学及智能科学交叉研究的重点领域之一。但是,该项研究仍存在以下不足:

(1)多因素变化影响 SFEP。元件材料物理属性随环境因素的改变导致 SFEP 中各事件发生情况改变,使 SFEP 具有很大的不确定性。

(2)SFEP 的故障数据表征。故障数据不同于一般数据,具有模糊性、离散型和随机性,但总体具有规律性。故障数据作为 SFEP 分析的基础,可定量分析,但在复杂系统且 SFEP 难以划分时,仍然缺乏有效的数据分析方法。

(3)SFEP 描述。由于过程受故障数据、影响因素、故障演化网络形态、各事件与因素关系等限制,在安全科学领域难以独立展开研究时,必须借助数据、系统和智能科学共同解决。

(4)SFEP 干预。不同领域系统故障干预措施不同,亟须系统层面的干预机制和措施。当然,随着研究的深入开展,还将出现更多、更深层次的问题。

上述问题实质是缺乏演化过程在系统层面上有效且普适的分析方法,需要安全科学与数据科学、系统科学、智能科学的知识融合予以解决。

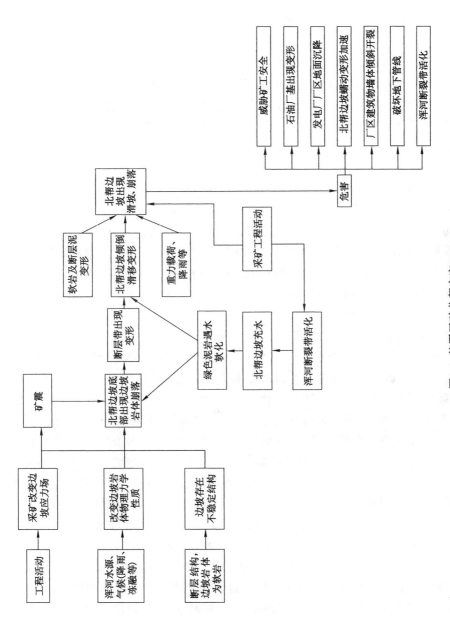

图 1.2 某露天矿北帮灾害 SFEP

1.2　空间故障树理论

　　系统可靠性是安全科学的基础理论之一。目前,人们研究系统可靠性的方法很多,但系统可靠性研究的实质问题是什么,对此不同方法和理论都有着不同的见解。按照定义,系统可靠性是指系统实现自身功能的能力。由于系统影响该能力的事项很多,因此人们将影响系统实现自身功能的事项称为因素。系统在不同生命周期中受到的作用不同,即影响系统可靠性的因素不同,而这些因素分类也不同。

　　每个系统都有自身的特征,其特征表现为系统内在的区别,而这些区别就是影响系统可靠性的内在因素。内在因素反映系统可靠性的内在特征,是系统可靠性的本质,比如系统的结构、系统使用的元件、元件物理材料的特性都属于内在因素。内在因素是固有的,从系统设计阶段就固定下来了。在设计系统时,根据系统功能分解,按照特定的结构并挑选特定功能的元件组成系统。因此,系统从设计阶段到完成阶段,其内在因素不变。当系统制造完成后,其系统可靠性主要由系统自身受到外界作用后产生的响应来决定。系统在运行过程中受到的影响更为多样,最一般的自然因素包括温度、相对湿度、海拔、电场、磁场等;当然也有人为因素,但属于管理范畴,本书主要讨论自然因素。自然因素是系统外部对系统的作用,这些作用在系统运行过程中不可避免。其关键在于系统在生命周期的运行阶段,系统运行环境必然会发生变化。因此,这种变化即外因的变化,外因导致内因变化,进而影响系统可靠性。具体而言,系统自身受外界因素影响最大的是材料的物理性质,因为系统结构一般不会受外界因素影响,而组成系统的元件的物理属性则随着环境外因的改变而改变。例如,导线的导电性,不同材料导电性不同,但几乎所有材料的导电性在不同温度下都是不同的,这才有了常温超导体和低温超导体等材料。研究表明,制成后的系统可靠性应由两方面决定,即系统的内部因素和外部因素。又由于系统的内部因素在系统设计阶段已固定,因此影响系统可靠性的是系统的外部因素。综上所述,研究系统工作环境变化影响系统可靠性是至关重要的,但相关研究报道并不充分[6,13]。

　　针对系统在变化环境中的可靠性问题,本书提出了空间故障树理论框架;同时在研究过程中,吸收了相关学科理论,如智能科学、数据科学、系统论等。这些工作为系统可靠性研究及安全科学基础理论研究提供了一条有效途径,也为类似情况提供了解决方案。

1.2.1 空间故障树理论

基于上述现象和问题,笔者于 2012 年提出了空间故障树理论。该理论认为,系统工作于环境之中,由于组成系统元件的材料的物理性质可能随环境因素的改变而改变,因此环境因素的改变将直接导致系统实现功能的能力改变,即系统可靠性改变。这一过程可称为空间故障树理论发展的第一阶段(2012—2015),其间分别建立了空间故障树基础理论(space fault tree,SFT)[14-15],包括连续型空间故障树(continuous space fault tree,CSFT)、离散型空间故障树(discrete space fault tree,DSFT)和系统结构反分析(inward analysis of structural systems,IASS)。

首先,文献[14]通过研究最简单问题,为处理实验室有规则的故障数据提出了 CSFT。其次,在试验数据基础上进行统计,得到各个单因素变化时系统中所有元件故障概率变化,从而获得了单因素影响下元件故障概率变化情况,并将其定义为特征函数。特征函数表示单因素与元件故障概率变化关系,是 SFT 分析的基础。当多个因素同时影响元件时,应综合它们独自变化对元件故障概率的影响,并且将该元件对不同因素的特征函数进行综合。尽管综合算法很多,但这里仅使用逻辑关系"或"进行说明,即只要有一个因素导致元件故障率超过标准,则认为元件发生故障,进而得到元件故障概率分布。由于元件组成系统的结构不变,可通过元件与系统的组成关系进行化简。基于化简得到的树形结构逻辑表达式,可将元件故障概率分布组合形成系统故障概率分布[15],这也是空间故障树理论的基础。

元件和系统故障概率空间分布是以因素作为维度的连续曲面,这样就可以对单个因素求导或对多个因素求导,从而得到对单个因素或多个因素的变化情况,称为因素重要度和因素联合重要度[16]。文献[14]继承了经典故障树概念,提出了概率重要度分布和关键重要度分布概念,这些与传统重要度不同之处在于其所得为概率分布连续曲面。文献[17]基于故障概率分布,研究了不同因素条件下故障概率情况,将故障概率超过设定值的因素变化范围组成的故障概率分布区域定义为割集域,并且将故障概率小于设定值的区域定义为径集域。通过现有研究获得因素变化范围对元件或系统故障概率的影响,进一步确定元件或系统适合工作的环境变化范围和不适合工作的范围。文献[18]使用这些概念得到了一些系统可靠性分析方法,提出了维持系统可靠性的元件更换周期概念,通过以适当的元件更换周期来改变因素变化范围过程中的故障分布变化,使系统故障概率分布在因素连续变化期间小于指定值;同时,提出了考虑更换成本时的周期更换确定方法。崔铁军等[19-20]提出了系统故障定位方法,使用故障元件相关性排序与对应的割集验证系统故障分析过程的正确性;构建了保持系统可用性条件下的元件维修率分布确定方法;得到了系统可靠性评估方法的故障概率计算规则[21]。

考虑到实际系统运行过程累计故障数据缺乏必要的规律性(通常是杂乱无章且伴有冗余、错误的信息),文献[22]提出了对这些数据(如安全检查、设备维护记录、事故调查)进行可靠性分析的方法,即离散型空间故障树(DSFT)。DSFT 处理的数据可以是长时间积累的,其间隔跨度任意,但发生故障时的系统运行环境要记录充分,以满足 DSFT 要求。DSFT 基本继承了 CSFT 的概念和方法,但由于数据是离散的不能形成空间连续曲面,因此 CSFT 的方法只具有借鉴意义,却不能直接使用。

为此,文献[23]提出了因素投影拟合法,首先将离散信息点沿着参考因素坐标轴进行投影形成二维平面点图,然后拟合这些点,最后得到该因素的特征函数,这样就可将离散数据转化为连续函数作为特征函数,并且将 DSFT 转化为 CSFT。文献[24]研究了因素投影拟合法不精确的原因。为了得到更为合理的、能表示离散数据的特征函数,文献[25]引入了模糊数学中的模糊结构元理论,将离散数据特征表示为带有模糊结构元的模糊值函数,以此作为特征函数;通过基于模糊结构元化特征函数,构建了模糊结构元化 DSFT。具体来说,文献[26-27]形成了模糊结构元化元件和系统故障概率分布、模糊结构元化概率和关键重要度分布、模糊结构元化元件和系统故障概率变化趋势、元件区域重要度及其模糊结构元化、模糊结构元化因素重要度和因素联合重要度。针对离散数据特征,研究人员提出使用神经网络 ANN,得到了元件和系统故障概率分布的方法。文献[28]使用三层 BP 神经网络研究了元件和系统的故障概率分布变化趋势,进而通过训练后神经网络对不同因素条件下的元件和系统故障概率及其变化趋势进行预测,也可通过训练后神经网络的权重得到因素的权重。因此,使用 ANN 可推导出因素重要度的分析方法,然而一些更为复杂的系统的故障概率与因素难以通过直观的特征函数表示。为了分析元件和系统的可靠性与因素之间的因果关系,文献[29]提出了系统结构反分析框架。首先,从组成系统元件与因素关系角度提出了系统元件结构反分析方法,得到了系统的物理结构;然后,从影响元件可靠性的因素角度出发,提出了系统因素结构反分析方法,得到了系统的因素结构;再次,建立 0-1 型空间故障树表示系统的物理结构和因素结构,这些结构可用表法和图法表示;最后,提出了逐条分析法和分类推理法,用于这些结构的反分析,并给出了过程和数学定义。

为了进一步研究系统可靠性与因素关系,可将因素空间引入空间故障树,对可靠性与影响因素的因果关系进行推理研究。一方面,借助因素空间的因素库理论研究定性安全数据的化简和区分方法,分析安全评价中的语义;另一方面,借助因素分类及因素分析法研究安全评价中的因果关系,构造了系统在不同环境迁移过程中保持可靠性措施的成本分析方法。文献[30]通过研究各元件可靠性对因素变化的敏感程度,确定了因素元件重要性,并且建立了从决策经验中提取决策准则的方法;根据因素空间对象属性表示方法的不足,提出了对象的属性圆表示方法,表示对象属性之间的相互关系,进而判断对象的相似性[30]。文献[31]进一步研究了通过图形区域叠加程度判断对象相似性的属性圆改进方法。

上述研究完成了空间故障树理论的基本框架构建,即第一阶段研究。一方面,这一阶段初步尝试了与智能科学方法的因素空间理论相结合的研究;另一方面,这一阶段初步实现了系统可靠性与多因素影响关系的研究。

1.2.2 空间故障树的改造

在空间故障树发展过程中,只关注安全科学领域方法而不借鉴相关领域知识处理系统可靠性问题将难以进一步展开研究工作。因此,空间故障树第二阶段的发展主要关注安全科学与数据科学及智能科学相关方法的结合,包括:云模型理论、因素空间理论、系统稳定性理论、AHP 与 ANP、Markov 过程等。这一发展过程称为空间故障树理论发展的第二阶段(2015—2018)。

在 SFT 基础上,通过研究一般故障数据分析方法,从而得到更为准确的特征函数。考虑到故障数据具有模糊性、随机性和离散性,并具有一定规律性,文献[32]使用云模型理论表示故障数据,将云模型正向发生器解析式作为特征函数,用以构建云化空间故障树。其中,云模型的 3 个特征参数可表示数据的模糊性、随机性和离散性,而且隶属函数值域范围[0,1],数据点均匀分布在正向解析式周围。由于这些特征与故障数据分布特征类似,而且该方法可行,所以改造后的云化空间故障树继承了分析多因素影响的能力,也继承了云模型表示数据不确定性和大数据分析能力。具体包括:云化特征函数、云化元件和系统故障概率分布、云化概率和关键重要度分布[33]、云化故障概率分布变化趋势[34]、云化因素重要度和云化因素联合重要度[35]、云化元件区域重要度[36]、云化径集域和割集域[37]、可靠性数据的不确定性[38]等。

将空间故障树理论与因素空间理论进一步结合,可研究适合故障大数据和多因素影响下的系统可靠性分析方法;将因素空间引入空间故障树,可研究可靠性与影响因素之间逻辑关系,使其具有推断故障因果关系、因素降维和故障数据压缩能力。文献[11]使用因素空间的随机变量分解式表示故障数据,并作为特征函数。文献[29]研究了因素之间的因果逻辑关系推理方法,从广度优先和深度优先角度,分别提出状态吸收法和状态复现法。前者尽量使最终推理结果包含所有状态信息;后者尽量使出现频率大的状态信息起主导作用。

建立故障数据因果关系分析方法可用于概念分析。文献[30]研究了故障及影响因素的背景关系分析法,通过故障统计次数定量反映各因素对故障概率的影响。文献[13]根据因素空间的信息增益法制定影响因素降维方法,通过比较因素间信息增益量删除或合并因素,达到降维的目的;基于内点定理研究了故障数据压缩方法,在故障分布中判断新数据点是否是背景集的内点,是则"删除",否则"添加"。文献[41]提出了可控因素和不可控因素概念,构造了不可控因素表示可控因素的函数及限定条件。

结合智能科学理论发展空间故障树的系统结构反分析方法,文献[42-44]提出了基于因素分析法的系统功能结构分析方法,构建了功能结构分析空间,建立了系统功能结构分析公理体系,给出了定义、逻辑命题和证明过程。基于该公理体系,研究人员还提出了系统功能结构的极小化方法,简述了空间故障树理论及其系统结构反分析方法,论述了其中分类推理法与因素空间的功能结构分析方法的关系;使用系统功能结构分析方法分别对信息不完备和完备情况的系统功能结构进行了分析。

在研究系统可靠性结构变化和稳定性描述方法方面,基于空间故障树框架,文献[45]提出了作用路径和作用历史的概念。前者描述系统或元件在不同工作状态变化过程中所经历状态的集合,是因素的函数,表示可靠性起始状态和终止状态的可达性及该过程的合理性;后者描述经历作用路径过程中的可积累状态量,是累积的结果,并且给出了作用路径和作用历史计算方法。文献[13]对系统可靠性的稳定性进行描述,并且对系统可靠性的运动系统稳定性进行了8种情况的分析,解释了5种解对应的系统可靠性变化状态。

文献[46-54]研究了一些系统可靠性分析方法,包括:基于包络线的云相似度研究、属性圆与多属性决策云模型、变因素下系统可靠性模糊评价、系统可靠性评估方法研究、云化 AHP 模型及应用、合作博弈-云化 AHP 的方案选优、云化 ANP 模型及应用、同类元件系统中元件维修率分布确定、异类元件系统的元件维修率分布确定等。

以上研究是 SFT 发展的第二阶段,提升了 SFT 的故障大数据和智能逻辑分析能力,为适应未来的数据及技术环境要求做出了尝试。

1.3 空间故障网络理论

无论是自然灾害,还是人工系统故障,都是一种演化过程。这种演化过程虽然在宏观上表现为众多事件遵从一定发生顺序的组合,但在微观上则是事件之间的相互作用,一般呈现为众多事件的网络形式。灾害或故障过程在系统层面上可抽象为系统状态的变化过程,即系统故障演化过程。由于各类故障的因素、演化结构及过程数据的不同,导致系统故障演化过程分析十分困难。

笔者在实际研究冲击地压发生过程和露天矿区灾害风险时发现,这些系统故障演化过程都是极其复杂的。其中,冲击地压发生过程与影响因素、多因素作用下的力学系统变化情况等有关。从系统角度分析,认为冲击地压发生过程是系统故障演化过程的一种。因此,对冲击地压过程中影响因素与演化过程的内在联系、影响程度、变化趋势和因果关系等的研究具有重要意义。在研究矿区灾害风险时,对重点灾害与影响因素辨识、化简及定性定量关系的研究是非常重要的。人们希望得到地表沉降、地下水污染及空气污染与多个主要因素的定性、定量关系,但这些影响因素与最终的系统故障之间并非简单的树形结构就可以表示,而应使用网络结构进行描述。因此,研究人员在空间故障树基础上提出了空间故障网络。

1.3.1 基本定义

空间故障网络的处理需要借助 SFT 理论,所以空间故障网络的基本定义借鉴了 SFT。

定义 1.1 空间故障网络(space fault network,SFN):产生系统故障事件组成的拓扑结构,用 $W = (X, L, R, B, \mathcal{B})$ 表示,其中 X 代表网络中的节点集合,即事件;L 代表网络中的链接集合;R 代表网络跨度集合;B 代表网络宽度集合;$\mathcal{B}$ 代表布尔代数系统。空间故障网络根据描述故障事件拓扑结构不同可分为一般结构、多向环网络结构和单向环形网络结构。

定义 1.2 节点:SFN 中的节点代表故障发生过程的事件,故障网络中多个节点可以表示同一个事件,但不是同一次事件;一个事件的一次发生只对应一个节点。SFN 中的节点按照故障的发展可分为 3 类,用 v_i 表示,节点集合 $V = \{v_1, v_2, \cdots, v_I\}$,共有 I 个节点。

第一类称为边缘事件,即导致故障的基本事件,是故障发生的源头,在故障网络中没有任何事件导致边缘事件发生。它对应于故障树的基本事件。

第二类称为过程事件,即故障发生过程中,由于边缘事件或其他过程事件导致的事件,同时也导致其他过程事件或最终事件。它对应于故障树中的中间事件。

第三类称为最终事件,即过程事件导致的事件,但在故障网络中不会导致任何其他事件发生。

定义 1.3 事件的发生概率:事件的发生概率与 SFT 中的定义相同,用特征函数 p_i 表示。

定义 1.4 链接:故障发生过程中事件之间的影响传递,链接存在于两个事件之间。链接是有向的,从原因事件指向结果事件,用 l_j 表示,连接集合 $L = \{l_1, l_2, \cdots, l_J\}$,共有 J 个链接。原因事件可以是边缘事件和过程事件。结果事件可以是过程事件和最终事件。

定义 1.5 路径:从一个事件到另一个事件过程中的多个连接的组合。这些连接具有统一的方向,用 e_f 表示,路径集合 $E = \{e_1, e_2, \cdots, e_F\}$,共有 F 个路径。

定义 1.6 传递概率:原因事件可导致结果事件的传递概率,即原因事件发生后导致结果事件发生的概率,用 p_j 或 $p_{原因事件 \to 结果事件}$ 表示。

定义 1.7 SFN 的跨度:两个事件之间经过的连接数量,用以衡量故障发生的过程复杂程度。一个事件与边缘事件的最大跨度称为该事件的模跨度。最终事件的模跨度是故障网络中的最大跨度,用 r_o 表示,跨度集合 $R = [r_1, r_2, \cdots, r_O]$,共有 O 个跨度。

定义 1.8 SFN 的宽度:故障网络中一个事件所涉及的所有边缘事件的所有节点的总数,用以衡量故障原因的复杂度。一个事件的最大宽度称为该事件的模宽度。最终事件的模宽度是故障网络中的最大宽度,用 b_m 表示,宽度集合 $B = \{b_1, b_2, \cdots, b_M\}$,共有 M 个跨度。

定义 1.9 事件之间的逻辑关系:过程事件和最终事件都包含了引起它们发生的所有事件的逻辑关系。这些逻辑关系包括"与""或""非",与故障树的逻辑关系相同,用 $(B, \vee, \wedge,)$ 表示。

1.3.2 SFN 的图形化表示

SFN 转化为 SFT 的前提是对故障发生过程的图形化表示。下面给出 3 种最基本的 SFN,如图 1.3 所示。

图 1.3(a) 为一个最基本的 SFN,网络由 6 个事件组成,分别为 $v_1 \sim v_6$。根据定义 1.2,边缘事件为 v_5、v_6;过程事件为 v_2、v_3、v_4;最终事件 v_1。定义 1.4 的连接是图中的有向箭头线段。定义 1.7 的跨度和定义 1.8 中的宽度分别需要借助

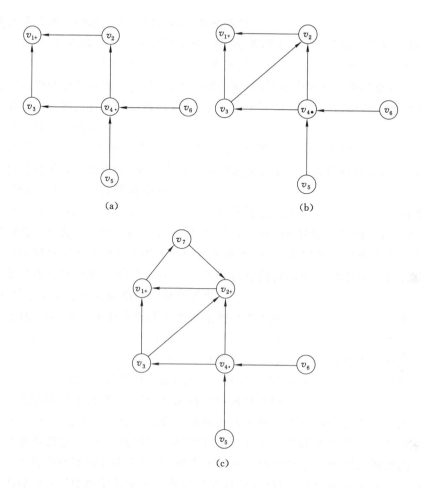

图 1.3　3 种 SFN

SFT 转化得到, 具体介绍见 1.3.3 小节。定义 1.9 的逻辑关系,"与""或"关系至少是二元运算, 即需要两个原因事件才能完成, 见图 1.3 中 v_1、v_4。v_{1+} 表示原因事件 v_2、v_3 是"或"关系, 造成 v_1 发生; v_4. 表示原因事件 v_5、v_6 是"与"关系, 造成 v_4 发生。如果原因事件和结果事件是一一对应的, 且不是"非"关系, 则不需要在结果事件中标注逻辑关系。

　　图 1.3(a) 为最简单的故障网络。其中, 连接方向是恒定的, 不存在单向环结构和多向环结构。

　　图 1.3(b) 在图 1.3(a) 的基础上出现了多向环结构, 比如 $v_3 \rightarrow v_{1+}$ 及 $v_3 \rightarrow v_2 \rightarrow v_{1+}$, 这样会产生相同原因事件和结果事件之间的跨度不同的现象。也就是说, 相同的原因事件经历不同过程导致相同的结果事件, 这样在进行 SFT 转

化过程中采取的措施是不同的。这与过程中结果事件及原因事件的逻辑关系有关。

图 1.3(c)在图 1.3(b)的基础上增加了单向环结构,如 $v_1 \rightarrow v_7 \rightarrow v_2$。产生单向环的故障特征是一种自循环的故障,如果过程中不需要其他原因事件,那么这种故障发生后将难以停止、逐渐升级。当然,这与环中各事件之间的逻辑关系有关,逻辑"或"使单向环故障过程易于发生,逻辑"与"使单向环故障过程不易发生。

上述 3 种故障网络是 SFN 的基本形式,不同形式转化为 SFT 的形式和方法不同。下面介绍 SFN 转化为 SFT 的具体形式和方法。

1.3.3 SFN 与 SFT 的转化

SFN 是 SFT 的重要组成部分,也是 SFT 理论应用于更广泛故障过程分析的基础。由于树形结构是网络结构的特殊形式,因此将故障过程表示为故障网络具有更为普遍的适用性。尽管 SFT 理论已经提出了一些定义和方法,但是 SFN 如何实现相应功能则是人们研究的重点。具体可通过两种方法实现:一是针对故障网络特点重新研究分析方法;二是将 SFN 转化为 SFT 使用现有的 SFT 方法进行处理。下面给出 SFN 转化为 SFT 的具体方法。

由图 1.3 可知,SFN 具有 3 种基本形式,即一般结构、多向环结构和单向环结构。这 3 种结构表示的故障过程不同,转化为 SFT 的方法也不同。

图 1.4 给出了图 1.3 中 SFN 转化为 SFT 的结果。图 1.4(a)~图 1.4(c)分别对应图 1.3(a)~图 1.3(c)。SFT 中只有事件,而 SFN 中则同时具有事件和连接的概念。

由图 1.4(a)可知,人们可以从最终事件出发进行 SFT 构建。v_1 的原因事件为 v_3 和 v_2;v_3 的原因事件是 v_4;v_2 的原因事件是 v_4;v_4 的原因事件为 v_5 和 v_6。这样,从最终原因事件向边缘事件的逆序故障发生过程寻找,从而绘制转化后的 SFT。

从图 1.4(b)可知,存在 $v_3 \rightarrow v_1$ 及 $v_3 \rightarrow v_2 \rightarrow v_1$ 两个不同的发生过程,添加 v_2 的原因事件为 v_3 和 v_4,逻辑关系为"或"。与图 1.4(a)相比,图 1.4(b)增加了一个连接,即 $v_3 \rightarrow v_2$。那么,对于 v_2,其原因事件与 v_1 的原因事件相同,则可将图 1.4(a)中 v_3 的原因事件过程直接作为 v_2 原因事件过程的一个分支,从而形成图 1.4(b)。

与图 1.4(b)相比,图 1.4(c)在其基础上增加了单向环结构 $v_1 \rightarrow v_7 \rightarrow v_2 \rightarrow v_1$。由于 v_1、v_7、v_2 与原因事件的关系均为"或"关系,这意味着不需要其他原因事件,只需要事件 v_1、v_7、v_2 存在便可进行故障发生过程循环。如果单向环结构

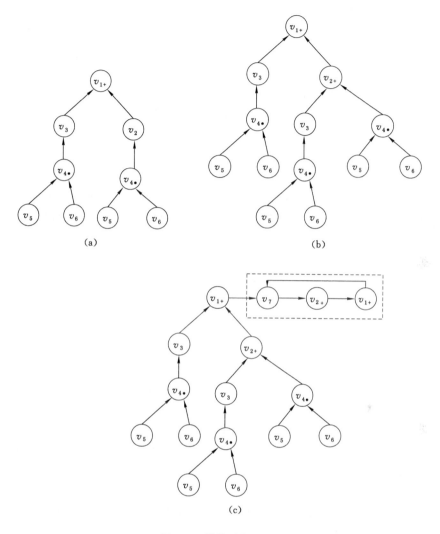

图 1.4　转化后的 SFT

中有一个事件的原因事件是"与"关系,那么故障的发生过程将终结于此。因此,图 1.4(c)的 SFT 可分为两个部分:一是一般故障树结构,二是循环故障发生过程。

　　研究表明,SFN 转化为 SFT 是从最终事件开始的,转化是故障发生过程的逆序。从最终故障开始,寻找结果事件对应的原因事件,即沿着连接反方向寻找。以结果事件形成树根,分支数量为连接指向本结果事件的数量,即导致本结果事件的原因事件。如果该原因事件被连接指向,那么将其作为结果事件。根据上述方法继续寻找其他的原因事件,直至寻找得到的原因事件均为边缘事件,转化停止。

一般结构和多向环结构的故障网络都可以使用上述方法,但单向环结构有所区别,如图 1.4(c) 中的虚线框部分所示。如果虚线框内的故障循环事件中有原因事件"与"关系导致结果事件,而且原因事件至少有一个不在故障循环之中,那么故障循环将终止于该结果事件的某一原因事件。如果虚线框内的故障循环事件中所有原因事件"或"关系导致结果事件,那么该故障循环将不会停止。

1.3.4 故障网络的性质及故障概率

在图 1.4(a) 的故障网络中,其模跨度为 3,模宽度为 4。各过程事件和最终事件的发生概率计算过程与故障网络发生过程相同,计算最终事件发生概率为:

$$p_4 = p_5 p_{5\to4} \times p_6 p_{6\to4}$$
$$p_3 = p_4 p_{4\to3}$$
$$p_2 = p_4 p_{4\to2}$$
$$p_1 = p_3 p_{3\to1} + p_2 p_{2\to1}$$

也即:

$$p_1 = p_5 p_{5\to4} p_6 p_{6\to4} p_{4\to3} p_{3\to1} + p_5 p_{5\to4} p_6 p_{6\to4} p_{4\to2} p_{2\to1}$$
$$= p_6 p_5 p_{5\to4} p_6 p_{6\to4} p_{4\to3} p_{3\to1} + p_6 p_5 p_{5\to4} p_{6\to4} p_{4\to2} p_{2\to1}$$
$$= p_6 p_5 (p_{6\to4} p_{5\to4} p_{4\to3} p_{3\to1} + p_{6\to4} p_{5\to4} p_{4\to2} p_{2\to1}) \tag{1.1}$$

由式 (1.1) 可知,最终事件 p_1 是边缘事件 $p_6 p_5$ 经过一系列变化过程得到的。在这个变化过程中,有两个路径:$e_1 = p_{6\to4} p_{5\to4} p_{4\to3} p_{3\to1}$ 和 $e_2 = p_{6\to4} p_{5\to4} p_{4\to2} p_{2\to1}$,即故障发生的两个过程。尽管这两个过程的边缘事件相同、最终事件相同,但是发展过程不同。模跨度为各过程中连接结果事件的无重复计数的最大值。例如,在 e_1 和 e_2 两个过程中,结果事件均为 3 个,所以模跨度为 3。模宽度为各过程中连接原因事件为边缘事件的重复计数的总和。在这两个过程中,由于涉及的边缘事件均为 $p_6 p_5$,所以模宽度为 4。

在图 1.4(b) 的故障网络中,其模跨度为 4,模宽度为 6。各过程事件和最终事件的发生概率为:

$$p_4 = p_5 p_{5\to4} \times p_6 p_{6\to4}$$
$$p_3 = p_4 p_{4\to3}$$
$$p_2 = p_4 p_{4\to2} + p_3 p_{3\to2}$$
$$p_1 = p_5 p_{5\to4} p_6 p_{6\to4} p_{4\to3} p_{3\to1} + (p_5 p_{5\to4} p_6 p_{6\to4} p_{4\to2} +$$
$$p_5 p_{5\to4} p_6 p_{6\to4} p_{4\to3} p_{3\to2}) p_{2\to1}$$
$$= p_6 p_5 p_{5\to4} p_6 p_{6\to4} p_{4\to3} p_{3\to1} + p_6 p_5 p_{5\to4} p_6 p_{6\to4} p_{3\to2} p_{2\to1} +$$

$$p_6 \, p_5 \, p_{5\to4} \, p_{6\to4} \, p_{4\to3} \, p_{3\to2} \, p_{2\to1})$$
$$=. \, p_6 \, p_5 \, (p_{5\to4} \, p_{6\to4} \, p_{4\to3} \, p_{3\to1} + p_{5\to4} \, p_{6\to4} \, p_{4\to2} \, p_{2\to1} +$$
$$p_{5\to4} \, p_{6\to4} \, p_{4\to3} \, p_{4\to2} \, p_{2\to1}) \tag{1.2}$$

由式(1.2)可知,最终事件 p_1 是边缘事件 $p_6 p_5$ 经过一系列变化过程得到的。在这个变化过程中,有 3 个过程可以实现,即 $p_{5\to4} \, p_{6\to4} \, p_{4\to3} \, p_{3\to1}$ 、 $p_{5\to4} \, p_{6\to4} \, p_{4\to2} \, p_{2\to1}$ 和 $p_{5\to4} \, p_{6\to4} \, p_{4\to3} \, p_{3\to2} \, p_{2\to1}$ 。从结果可知,"或"相连的项数为边缘事件导致最终事件的途径数量。多项式中边缘事件总数为模宽度;多项式中传递概率的无重复的最终事件和过程事件总数为模跨度。

在图 1.4(c)的故障网络中,其模跨度为 $4+3k$,模宽度为 6。

一般故障树结构中的 p_1 ,见图 1.4(b)和式(1.3),即:
$$p_1 = p_6 \, p_5 \, (p_{5\to4} \, p_{6\to4} \, p_{4\to3} \, p_{3\to1} + p_{5\to4} \, p_{6\to4} \, p_{4\to2} \, p_{2\to1} +$$
$$p_{5\to4} \, p_{6\to4} \, p_{4\to3} \, p_{3\to2} \, p_{2\to1}) \tag{1.3}$$

故障循环中的所有事件是一一对应的,且未标注逻辑关系,则原因事件直接导致结果事件。循环故障 k 次发生过程中的 p_1 如式(1.4)所列:
$$p_1{}^k = (p_1 \, p_7 \, p_2 \, p_{1\to7} \, p_{7\to2} \, p_{2\to1})^k \tag{1.4}$$

综上所述,SFN 转化为 SFT 后的形式是边缘事件与路径乘积的和,即一般结构和多向环结构,如式(1.5)所列:
$$p_{最终事件} = \sum_{f=1}^{F} \prod_{v_i \in e_f} p_i \prod_{l_j \in e_f} p_j \tag{1.5}$$

如果 p_i 存在单向环的循环故障,那么 $p_i{}^k = \left(\prod_{ii \in 循环结构事件} p_{ii} \prod_{jj \in 循环结构连接} p_{jj} \right)^k$,则 SFN 转化为 SFT 如式(1.6)所列:
$$p_{最终事件} = \sum_{f=1}^{F} \prod_{v_i \in e_f} p_i \prod_{l_j \in e_f} p_j \left(\prod_{ii \in 循环结构事件} p_{ii} \prod_{jj \in 循环结构连接} p_{jj} \right)^k \tag{1.6}$$

结合 SFT 考虑事件发生受到 n 个因素影响, $P_i(x_1, x_2, \cdots, x_n) = 1 - \prod_{k=1}^{n} (1 - P_i^{d_k}(x_k))$ 。其中, x_k 代表影响因素的数值, d_k 代表因素的符号[6]。这样,式(1.5)和式(1.6)可改写为式(1.7)和式(1.8),即:
$$p_{最终事件}(x_1, x_2, \cdots, x_n) = \sum_{f=1}^{F} \prod_{v_i \in e_f} \left(1 - \prod_{k=1}^{n} (1 - P_i^{d_k}(x_k))\right) \prod_{l_j \in e_f} p_j \tag{1.7}$$
$$p_{最终事件}(x_1, x_2, \cdots, x_n) = \sum_{f=1}^{F} \prod_{v_i \in e_f} (1 - P_i^{d_k}(x_k))$$
$$\prod_{l_j \in e_f} p_j \left(\prod_{ii \in 循环结构事件} (1 - P_{ii}^{d_k}(x_k)) \prod_{jj \in 循环结构连接} p_{jj} \right)^k \tag{1.8}$$

进一步地,如果考虑连接的传递概率也受到 n 个因素影响,且与事件的影响因素相同,那么 $P_j(x_1, x_2, \cdots, x_n) = 1 - \prod_{k=1}^{n}(1 - P_j^{d_k}(x_k))$,则式(1.7)和式(1.8)可改写为式(1.9)和式(1.10),即:

$$p_{\text{最终事件}}(x_1, x_2, \cdots, x_n) = \sum_{f=1}^{F} \prod_{v_i \in e_f}(1 - \prod_{k=1}^{n}(1 - P_i^{d_k}(x_k)) \prod_{l_j \in e_f}(1 - P_j^{d_k}(x_k))$$

$$(1.9)$$

$$p_{\text{最终事件}}(x_1, x_2, \cdots, x_n) = \sum_{f=1}^{F} \prod_{v_i \in e_f}(1 - P_i^{d_k}(x_k)) \prod_{l_j \in e_f}(1 - P_j^{d_k}(x_k))$$
$$(\prod_{ii \in \text{循环结构事件}}(1 - P_{ii}^{d_k}(x_k)) \prod_{jj \in \text{循环结构连接}}(1 - P_{jj}^{d_k}(x_k)))^k$$

$$(1.10)$$

由上式可知,将 SFN 转化为 SFT 是可行的,并且得到了多因素影响下两种典型的 SFN 表达式。通过这些表达式计算最终事件,即系统故障的发生概率。文献[55]利用 SFT 的已有方法,处理了具有网络结构的故障发生过程。

SFN 也可以通过结构化方式表示,由于本书并不涉及 SFN 的结构化表示,因此这里不做赘述。

1.4 影响因素权重确定理论

系统故障演化过程中不同因素对演化过程作用不同。就演化过程的主要部分而言,包括事件、演化条件、逻辑关系都受到因素的影响。不同影响因素的数值、数值的不同变化和不同变化程度对演化的影响,这些都各有差异。在研究系统故障演化过程中,不但要确定影响因素,还需要在不同情况下确定影响因素的权重,这是本书的主要研究内容之一。下面对各类系统影响因素权重的确定方法进行综述。

文献[56]使用层次分析法(AHP)中互反判断矩阵得到所有可能的、具有完全一致性的权重向量,对所有权重向量对应的分量找出最大、最小值,从而准确地确定区间权重向量,并验证所得到的区间权重是否满足规范化特性。该文献所给方法克服了常用规划模型的烦琐和偏差问题。

文献[57]对证据源进行了合理修正,解决了高冲突证据合成时存在的问题,提出了一种新的证据权重确定方法。该文献利用证据之间的局部冲突和相似性求出各证据的全局冲突系数,取全局冲突系数的反值作为证据的权重,并利用该权重对原证据的概率进行重新分配,最后对修正后的证据进行了合成。

文献[58]在比较分析两种常用信度指标——肯德尔协同系数、克龙巴赫系数及其用于项目社会稳定风险评估的技术路线基础上,分析了项目社会稳定风险评估的问卷调查类型及其特征,针对小容量均质调查和大容量非均值调查,分别探讨了其与两种常用信度指标的匹配性。

文献[59]对以往方法忽视顾客需求间网络交互影响效应的问题,提出了一种基于网络博弈的顾客需求权重确定方法。该文献以前期市场调研获得的顾客需求信息为基础,利用模糊决策试验与试验评估法(DEMATEL)分析了需求间的影响关系,并得到了影响关系矩阵,进而构建了一个以顾客需求为节点、以需求间影响关系为边的网络博弈模型,最后通过模型求解得到顾客需求权重。

文献[60]根据熵理论和德尔斐专家调查法对结构熵权法进行了改进,并运用改进结构熵权法对环保项目指标进行了权重确定;同时,与经典的德尔斐专家调查法确定的权重进行了比较,并对二者的差异做出了合理的解释。

文献[61]采用最优传递矩阵改进 AHP,建立了露天矿台阶爆破参数评价指标的层次分析模型,运用改进的 AHP 方法对各项指标进行权重排序。

文献[62]提出一种基于理想点-矢量投影法的创新需求权重确定方法,将顾客、技术人员和决策者三方的诉求在三维矢量空间中进行集成。该文献分别计算了创新需求的需求类别因子、需求技术成熟度和需求偏好度,采用理想点-矢量投影法得到理想需求矢量,并在此基础上计算了每项创新需求权重值。

文献[63]针对属性评价值为语言变量、专家权重未知的供应商选择决策问题,提出了一种综合考虑评价犹豫度和相似度的专家权重确定方法。该文献根据专家评价的犹豫度差别改进语言变量转化标准,将语言变量转换为更符合决策实际的直觉模糊数;从评价信息的犹豫度和相似度两个方面集成专家权重,得到集结后的综合评价矩阵;运用 TOPSIS 方法对供应商进行了排序。

文献[64]构建了基于相似性差异最小化的权重优化模型确定指标权重,采用逼近理想解法实现决策过程。该文献运用区间直觉模糊集和随机占优理论定量化处理决策者的模糊-随机评价信息;基于初始决策矩阵和综合决策矩阵之间的相似性差异构建指标权重优化模型;根据定义的正、负理想解,运用区间直觉模糊交叉熵和欧氏距离分别测定模糊指标和随机指标的偏离度;基于改进的TOPSIS 框架整合模糊指标和随机指标的相对贴近度以实现方案排序。

为了解决设计施工总承包模式施工评标中专家对评标指标权重打分时的不确定性,提高指标权重的合理性,文献[65]将区间值犹豫模糊熵的数学模型引入到设计施工总承包模式施工评标方法中。在招标文件编制阶段,利用区间值犹豫模糊熵计算公式对指标进行权重分配,使得犹豫这一不确定因素能够很好地应用于公路工程的施工评标中。

为了得到更准确的煤巷围岩稳定性评价指标权重,文献[66]采用层次分析(AHP)和主成分分析(PCA)计算主、客观权重,再通过评价检验确定最优比例因子来计算组合权重。

文献[67]提出基于FAHP-CEEMDAN(模糊层次分析-改进集合经验模态分解)的权重确定方法;采用FAHP(模糊层次分析)获得专家判断矩阵,通过目标规划模型优化求解专家判断矩阵得到各个指标的专家评价值;运用CEEMDAN(改进集合经验模态分解)提取专家评价值的内含客观趋势一致成分,作为群体集结评价值来确定指标权重。该方法可直接从专家评价值中提取同质趋势信息,使评价结果更具客观性和有效性。

文献[68]研究了决策过程中从互反判断矩阵获得权重向量的方法,建立了两种新的求解排序权重的模型,可用标准粒子群优化算法进行求解。

文献[69]针对耦合任务集中因资源分配不合理而造成资源利用不充分的问题,引入了定性与定量相结合的指标权重确定方法——层次分析法(AHP),建立了关于资源分配的层次结构模型,构造了资源分配矩阵;通过分析任务间的耦合对资源分配矩阵中权重比的影响得出了解决权重比不一致的方法,从而确定了各资源的权重分配系数,使各任务得到较为合理的资源配置。

文献[70]将信息量引入粗糙集的下近似分布中,定义了粗糙集下近似分布中粒度集的信息量;基于信息量定义了粒度的重要度,以粒度的重要度作为启发信息,设计了基于信息量来确定粒度权重的综合方法;通过引入权重系数,决策者根据实际情况可选择粒度权重的确定方式;通过实例验证了算法的有效性。

文献[71]提出了一种基于评价主体和评价客体双重视角的专家权重确定方法。该文献基于竞优思想,从最有利于体现评价客体价值的角度获取其关于评价专家的赋权矩阵,以提高评价客体的决策精度;依据各评价主体评价值向量的信息熵和个体决策与群体决策之间的偏离程度,计算基于评价主体视角的专家权重值;在3种分权值的基础上确定专家的总体权重。

文献[72]研究了知识特征的粗糙集表征及其等价划分知识类别的精确度;在粗糙集理论的基础上,结合知识粒度理论计算特征权重,提出了基于粗糙集和知识粒度的权重确定方法,而通过算例证明所提出方法可以解决权重确定中存在的主观随意性和特征冗余等问题。

文献[73]应用群组AHP方法确定了相应的评估指标权重,并且根据韦伯-费希纳定律确定了五级指数标度方法,对其合理性进行论述;采用遗传算法对专家的判断矩阵一致性进行优化,优化后的判断矩阵一致性明显提高;采用粒子优化 K 均值聚类算法对专家意见进行聚类分析,以主流专家意见为基础采用对等共识模型计算专家权重,得到了各评估指标最终的权重值。

文献[74]提出了基于粗糙集和模糊层次分析法的集成分析方法,将主、客观方法结合,以提高客户需求权重的准确性;利用粗糙集初步确定客户需求权重,再利用模糊层次分析法深入考虑客户需求的自相关性,以修正客户需求权重相等或等于零的情况;选择合理的主、客观权重偏好系数,利用线性加权组合法将主、客观客户需求权重结合起来,得到最终的客户需求权重。

对于不同系统特征,影响因素及其权重的确定方法不同。需要研究人员根据实际情况选择适当方法,或者改进现有方法,或者提出新的方法加以确定,目前仍有巨大的研究空间。

1.5 故障模式分析理论

在《可靠性维修性保障性术语》(GJB 451A—2005)中,"故障模式"一般是对产品所发生的、能被观察或测量到的故障现象的规范描述。在系统故障演化过程中,由于不同事件、影响因素、逻辑关系的作用,因此将形成多种故障演化过程。在实际出现故障过程之前,这些过程都是一种故障过程的可能,而这些可能的过程都可以认为是同一故障模式。由于不同故障模式之间的经历事件、影响因素和逻辑关系不同,因此分析系统故障演化过程中的故障模式是澄清故障演化过程的关键手段之一。下面对不同系统的各类故障模式分析方法进行综述。

文献[75]提出了双重故障模式的微型电网电压自愈控制系统等效处理微型电网运行模式,通过有向图路径矩阵及其关联矩阵确定供电路径计算传输功率,构建网络故障关联与拓扑矩阵,然后对双重故障形成关联,实现负荷裕度损失较小的条件下进行微型电网电压自愈控制的目的。

文献[76]提出了一种基于分故障模式威布尔分布模型的电能表寿命预判方法。该文献利用电能表实测历史故障数据建立了各故障模式失效率威布尔分布模型;根据拟合优度情况优化部分故障模式预测结果,并对所有故障模式的阶段失效率进行累加,从而获得整体电能表的预期寿命。

文献[77]针对车辆故障模式风险评价提出了一种新的模糊综合评价方法。该文献利用基于维修数据的失效模式与效果分析(FMEA)筛选出关键故障模式,并且开展了进一步研究;分别采用模糊层次分析法(AHP)与模糊扩展全乘比例多目标优化(MULTIMOORA)计算出风险评价因素与故障模式的权重;通过计算车辆故障模式的最终权重得到故障模式进行风险排序;利用逻辑语言表征评审专家的评估信息,并且将其转化为三角模糊数,实现了客观维修数据与专家经验判断的有机结合。

文献[78]提出了结合马田系统和 SVM 的滚动轴承故障模式分类方法。该文献利用 EEMD 方法对原始振动信号进行分解,得到了一系列本征模态函数(IMF);通过故障敏感 IMF 选取方法筛选本征模态函数,然后计算其时域和频域特征参数以及原始信号的能量熵参数,构造出初始的多维特征空间;运用马田系统中的正交表和信噪比进行特征降维,得到精简特征空间;使用偏二叉树方法构建了支持向量机多分类模型。

文献[79]提出了一种基于 ReliefF-LMBP 故障特征提取的发动机故障模式识别方法。该文献应用 ReliefF 算法对发动机传感器参数赋予权值;对传感器参数特征权重值进行迭代更新和排序,聚集好特征样本离散异类样本;根据筛选特征子集,利用 LMBP 神经网络算法进行发动机故障模式识别。

文献[80]基于延迟时间理论,提出了两种故障模式下的定期检测与备件订购决策优化模型;依据检测时系统不同的状态采取相应的维修策略,并根据备件的存储状态即时更新或延迟更新系统;采用更新报酬理论,以单位时间内的期望成本为目标函数建立了最优化模型,确定了最优检测周期及最优订货时间。

文献[81]提出了一种针对核安全级 DCS 设备的通用的冗余切换测试方法。该文献通过设计机理分析并建立了冗余切换测试基础故障模式;对故障模式进行模式组合和系统状态变迁的分析;完成了对冗余切换测试场景、测试环境等整体方案的设计。

文献[82]基于局部屈曲理论,提出了一套相应的屈曲判定与优化方法,将其应用于涡轮导向器的变形失效中;对压应力集中区域的边界条件进行了提取、优化;利用有限元方法计算了该结构的屈曲特征值。

文献[83]针对滚动轴承故障模式识别问题,分析了振动信号的时域特征与经验模态分解剩余信号的能量特征;将采集的特征一起构成了多域多类别的原始故障特征向量集;采用遗传算法对支持向量机径向基核函数参数和惩罚参数进行了寻优;提出了结合经验模态分解剩余信号能量特征的遗传算法优化支持向量机参数的滚动轴承故障模式识别方法。

文献[84]利用 Daubechies 小波包将不同故障的振动信号分解到各个频带,其中 BP 神经网络的输入是各频带的能量——行星齿轮故障的特征向量,可用神经网络识别故障类型。

文献[85]提出了一种基于加权证据理论的故障模式分析方法。该文献将专家在风险参数评估过程中的认知不确定性分为基本可信度和专家属性权重分别进行量化;进而对认知不确定性进行传递和处理,实现了故障模式危害度等级的有序排列。

文献[86]提出了基于变分模态分解（VMD）能量熵特征与概率神经网络（PNN）结合的分类滚动轴承故障状态的方法。该文献通过运用 VMD 的信号预处理方法，实现了振动信号的 VMD 降噪；利用集合经验模态分解（EEMD）对仿真信号进行两种方法的分解效果对比；通过 VMD 能量熵和时域特征组成特征向量；特征向量导入概率神经网络模型中准确识别滚动轴承故障状态。

文献[87]对轴向柱塞泵正常及各种故障模式下进行了流体振动产生机理及传递规律分析；建立了柱塞泵流体振动传递路径模型及振动微分方程；利用 MATLAB 求解，得到了柱塞泵各模式下前、中、后壳体振动响应时/频域曲线，并提取了典型故障特征信号。

文献[88]基于系统科学复杂网络节点重要性分析思想，在空间故障网络（SFN）框架内对 SFEP 中事件重要性进行了分析；通过抑制事件发生（去掉节点），分析了原始故障模式和抑制后故障模式的变化，以此衡量事件的重要性，衡量指标包括致障率、复杂率、重要性和综合重要性，从不同角度对事件重要性进行了分析。

文献[89]提出了一种基于卷积神经网络（CNN）图像分类的轴承故障模式识别方法。该文献利用集合经验模态分解（EEMD）方法对轴承振动信号进行了自适应分解，并利用相关系数对得到的本征模函数分量进行了筛选；对筛选得到的本征模函数分量进行伪魏格纳-威利时频分析（PWVD）计算，得到了信号的时频分布图，并对时频图进行了预处理；利用 CNN 将轴承 15 种不同工况预处理后的时频图进行特征提取与分类识别。

文献[90]提出了一种具有明显物理特征的基于匹配追踪（MP）稀疏分解与空间点群的机械故障模式表征方法。该文献以滚动轴承内、外圈故障实测振动信号为试验对象，对滚动轴承故障信号进行分段切片化处理；对每段切片信号进行 MP 稀疏分解，将其分解为少数五维原子的线性组合，通过残差信号能量确定分解原子个数；从定性和定量两方面对原子的两个维度进行选择，形成二维空间点群，对机械故障模式进行表征分析。

文献[91]提出了一种基于小波阈值与 CEEMDAN 联合去噪的滚动轴承故障诊断方法。该文献对信号进行了小波阈值去噪；利用 CEEMDAN 算法对降噪后信号进行分解；基于互相关系数分析提取典型的 IMF 分量，并对所提取的 IMF 分量进行时、频域特征分析，从而进行故障诊断。

文献[92]利用各敏感分量与原信号的关系值及互信息乘积绝对值作为评定标准，选择含系统信息的分量作为分析对象；利用轻量级协议算法及线性模型提取所选对象中的故障特征向量；以提取的故障特征向量为依据，利用系统灰色性故障识别方法和模糊性识别方法得到传感器系统故障诊断信息,并获取传感器多角度信息融合故障识别;利用信息融合故障识别方法对光纤扰动传感器故障数据进行了识别。

在系统故障演化发生前,不同故障模式对应着故障演化的一条路径。这些路径交织形成网络结构,即空间故障网络。当故障过程实际发生后,其过程必将包含在故障演化网络之中,对应的灾害模式也是网络中一种完整的路径。因此,如果能确定各种故障模式,那么也可以按照一定规则组合这些故障模式构建空间故障网络,以表示系统故障演化过程。

1.6   博弈与参与者收益理论

系统故障演化过程是人-机-环境-管理系统作用的综合体现。其中,机是被作用对象,环境和管理分别是对机和人施加管理作用,在该系统中,人是主要的变化主体。对于故障本身而言,管理者和操作者对其影响是最直接的。双方在系统故障的不同阶段和特征情况下的收益也不同,系统的整体故障状态是双方行为博弈的结果,因而双方收益和系统收益也是博弈的结果。下面对博弈理论和参与者收益的研究进行综述。

文献[93]提出了一种新的三角模糊非合作-合作两型博弈,由节点(局中人)、连接方式(策略选择)、网络形成(联盟形成)和信息流量(联盟收益)4个要素组成,包括三角模糊非合作博弈和合作博弈两部分。三角模糊非合作博弈部分的支付值未事先给定,而是由三角模糊合作博弈部分通过计算新定义的三角模糊班茨哈夫(Banzhaf)值分配确定,进而求解三角模糊非合作博弈纳什均衡解。

文献[94]分析了农村三产融合的内涵与类型,分别采用区间值最小二乘预核仁法和区间沙普利(Shapley)值法,给出基于局中人整体满意度最优的以及基于局中人对合作联盟贡献度的农村三产融合合作收益分配策略。

文献[95]提出了数据收益权概念以摆脱传统产权概念的束缚,使数据交易制度更好地适应数据市场的一般特点;引用经济学的演化博弈分析,将数据收益的直接分配问题转化为理性的个人和企业相互试错,发掘不同条件下的趋近于收敛的群体优势策略,实现了分配的公平性和卡尔多-希克斯效率;引入法学中权利权衡的比例原则使司法审判可计算、可编程、可调控。

文献[96]以含清洁能源发电商参与现货市场竞价利润最大为目标,建立了考虑投标偏差惩罚的风火机组联合组成的含清洁能源发电商两阶段随机整数优化竞价模型;采用条件风险价值理论评估清洁能源和电价预测偏差风险,并得到最优竞价策略;对联合后获得的收益,利用合作博弈论中的核仁解给出火电机组与清洁能源机组间的收益分配方法。

文献[97]构建了以收益共享合约为基础的供应链决策模型,通过对两种非合作博弈和合作情况下移动 App(手机软件)开发商和平台商决策以及利润的对比分析。一方面揭示了在移动 App 供应链分散决策过程中,参与企业存在多重边际化问题,无法实现供应链最优决策和利润;另一方面证明了移动 App 供应链的合作可以实现最优决策,并采用罗宾斯坦讨价还价模型对供应链系统增加的利润进行再分配。

文献[98]对联盟收益不确定时局中人的收益进行了描述,建立了合作博弈的扩展模型;再考虑局中人的理性互动与策略博弈,借鉴群智能的建模思想和求解思路,利用多目标粒子群扩展算法对模型进行求解。

文献[99]提出了一种云计算环境中基于联盟博弈的任务调度算法。该文献建立了联盟博弈下的云任务调度模型;定义了博弈参与者、博弈策略以及效用函数;设计了博弈参与者的支付方式,认为联盟博弈中任务调度的核是非空的,说明任务调度的博弈解可以得到稳定的联盟结构。

文献[100]将政府和社会资本作为风险偏好不同的有限理性人,通过构建演化博弈模型,分析了风险和收益的动态变化对政府合作期望和社会资本积极性的影响。

文献[101]建立了基于演化博弈理论的电网公司和电动汽车用户的博弈模型;通过研究博弈双方的动态演化过程,得出了可以满足双方利益的电动汽车放电电价的范围,并且与静态博弈获得的结果进行了对比。

文献[102]分析了参与泊位共享的三方的收益分配是否具有合理性;根据实际情况三方进行选择性合作后再博弈,结合这一特点介绍了单个泊位收益博弈模型并建立了合作模式下的总收益博弈模型;通过分析三者中任意两方形成联盟时共享泊位数量变化,得到了不同合作模式下参与合作三方各自的收益情况。

文献[103]将经典合作博弈进行扩展,提出了一类模糊联盟合作博弈的通用形式,涵盖常见 3 种模糊联盟合作博弈;同时,比例模糊博弈、Choquet 积分模糊博弈的 Shapley 值均可以作为一种特定形式下模糊联盟合作博弈的收益分配策略。

文献[104]依据协商理论与匹配理论,研究了网络博弈环境下参与者之间如何签署协议进行合作,进而分配合作产生的剩余收益的问题,称为网络协商博弈;通过限制参与者可以签署协议的数量,对网络协商博弈进行分类,使用协商与匹配方法研究每一类网络协商博弈的合理解的具体形式并设计求解方法。

文献[105]分析了当前企业所采取的双渠道流通模式的发展情况以及存在

的渠道冲突,并且根据分析结果构建了双渠道供应链协调模型。

文献[106]针对城镇或区域级能源互联网,其交易场景为电网公司、热电厂和大用户3个市场交易主体。其中,热电厂作为电热能源耦合元件,采用以热定电的典型运行模式供能并报价;电网按过网服务费形式报价;大用户根据前两者报价,选择与热电厂或电网公司交易热能与电能。在交易机制下,建立了计及热电耦合的三方非合作博弈收益模型,证明了该博弈模型存在纳什均衡,并提出了相应求解方法。

文献[107]基于多阶段投资组合优化和纳什均衡理论,利用相对绩效来刻画投资者之间的博弈现象,以每个投资者的相对终端财富的期望效用水平为目标,构建了多阶段投资组合博弈模型;在资产收益序列相依情形下,给出了纳什均衡投资策略和相应值函数的解析表达式以及纳什均衡投资策略与传统策略的关系;采用累计经验分布函数和夏普比率等指标,对纳什均衡投资策略与传统策略进行仿真比较,分析了纳什均衡投资策略随投资者反应敏感系数的变化趋势。

文献[108]建立了创新鼓励与知识产权政策影响下的企业开放与独占创新策略的演化博弈模型;根据复制动态方程得到参与者的行为演化规律和行为演化稳定策略,分析了企业的开放与独占创新策略的影响因素。

文献[109]基于讨价还价博弈理论,通过效用函数反映风险厌恶程度,综合考虑边际贡献、间歇性电源的预测能力、平衡市场的惩罚力度等因素量化谈判力水平,从而建立了DERs联合参与短期能量市场的收益分配模型。

文献[110]将云代理和微云的服务量化为排队过程,分析了该过程建立马尔科夫博弈模型以及每个时间片中系统的收益,且确定了该博弈为变和马尔科夫博弈;提出了反向迭代算得到其纳什均衡策略。

在系统故障演化过程中,决定系统故障状态的是参与者双方,因而围绕系统故障双方的收益也发生着变化。双方采取的措施不同,对系统故障演化过程中的事件、影响因素和逻辑关系的作用也是不同的。双方都为了保持己方利益最大化而采取对应行为,但忽略了系统整体收益,这对双方都是不利的。因此,需要研究系统故障演化过程中双方行为与收益的关系。

1.7 集对分析理论

集对分析理论是赵克勤教授在1989年提出的确定与不确定性分析的全新数学方法[111]。联系数是集对分析的核心,代表了事物间关系的确定性和不确定性。对系统故障演化过程而言,同样存在确定和不确定问题。描述系统故障时使用的可靠度和失效度实际上是确定的,而对于二者之间的部分也是不确定的,无法确定系统状态是否属于可靠或失效状态。一般情况下,可靠度和失效度之和小于 1,而可靠度、失效度和不确定部分之和等于 1。因此,使用集对分析理论研究系统故障演化过程中的确定性和不确定性是非常有效的。下面对集对分析理论进行综述。

文献[112]提出了一种基于集对分析的变压器故障案例检索方法。该文献通过集对分析中的联系数定义案例间的相似性,配合案例级的指标权重设计。一方面计算了针对不同故障模式时同一指标权重的变化,另一方面解决了数据缺失、指标权重变化情况下案例相似度可比的问题。

文献[113]提出了一种基于改进的集对分析方法。该文献通过建立故障类型与故障征兆的关系集合,利用关联规则计算出的支持度与置信度,建立了各个故障征兆对应该故障的权值;采用基于最小化期望损失的方法计算,刻画由间歇故障到永久性故障之间的模糊不确定性,避免了集对分析中差异度系数选择的主观性,并将改进的集对分析应用到对地面空调的间歇故障的诊断中。

文献[114]提出了一种多源故障数据融合方法。该文献基于集对分析理论,主要对多源故障数据进行了相关性分析,还对反映同一故障事件的可靠数据信息进行了整合,建立了基于 COMTRADE 文件格式的多源数据模型;采用蛮力BF 算法对各数据源进行时间对齐,实现了多源故障数据信息融合。

文献[115]提出了一种基于集对分析和风险理论的变电站主接线综合评价方法。该文献首先从电网层面对变电站主接线进行风险评估,将评估结果作为变电站主接线的可靠性评价指标;然后利用改进熵权法得到各评价指标的权重系数,通过集对分析法对评价方案进行不确定性分析;最后综合一次、二次排序的结果,从而选出最优方案。

文献[116]提出了一种基于连续隐马尔科夫博弈模型的轴承性能退化程度综合评估方法。该文献首先通过支持向量聚类方法将轴承全寿命周期划分成若干个退化阶段;然后从每个阶段中提取一定比例的样本用于训练,采用轴承正常阶段的训练样本建立轴承的连续隐马尔科夫模型;最后将不同退化阶段的训练样本输入模型,分别得到不同阶段样本相对于所建立正常阶段的连续隐马尔科夫模型的输出概率,据此得到样本隶属于不同退化阶段的隶属函数分布。

文献[117]对电网企业供电可靠性及其影响因素进行分析,利用故障树分析建立停电原因故障树逻辑图,并根据集对分析法得出底事件的最大影响因素;基于这些最大影响因素选取 6 个影响供电可靠性的评价指标,采用灰色关联度分析法,得到了评价指标与供电可靠性之间的灰色关联度。

文献[118]建立了基于多元两重联系数的待诊断故障与故障知识库中各类故障的欧氏距离表达式;对表达式中的不确定系数赋值,按所得欧氏距离的值由小到大依次排出首要故障、次故障及再次故障等;通过分析数据不确定性对故障排序的影响,得到故障诊断结论。

文献[119]提出了一种电力变压器故障诊断的新方法。该文献通过分析变压器运行中各故障征兆参数之间的关联性,建立了故障类型集合;通过对比计算关联规则的支持度与置信度;同时引入变权公式,得到了故障类型和故障征兆的权重系数,有效避免了专家意见或经验的主观性的问题;根据集对分析的可扩展性,采用 5 元联系度提高了变压器故障诊断中处理不确定性因素的精度。

文献[120]建立了集对分析理论与故障树相结合的集对故障树模型;推导了该模型中常用的逻辑门集对算子;给出了模型的基本分析流程;计算了金刚滚轮转动系统故障发生的可能性区间;提出了其失效的改进措施。

文献[121]建立了一种集对故障树模型,推导了模型中常用的逻辑门集对算子并给出了模型的基本分析流程;以联系度表征各事件状态,求得砂轮主轴转动系统发生故障的可能性区间,并提出了针对性的改进措施。

文献[122]认为,船用柴油机热工参数蕴含着大量的故障信息,具有很好的诊断价值;同时,在介绍集对分析(SPA)的基础上,建立了基于 SPA 的柴油机热工故障诊断模型。

文献[123]将集对分析技术引入故障分析过程,建立了集对分析理论与故障树相结合的故障分析模型;推导了该模型中常用的逻辑门集对算子;给出了模型的基本分析流程。

文献[124]提出了直觉模糊集关联趋势分析法(RTIFS 法)。该文献利用直觉模糊集之间的距离表示出不确定信息的差别;通过区间数与直觉模糊集之间的等价关系以及区间数的距离,计算了直觉模糊集的关联度;应用集对分析法对序列间的关联趋势进行了分类。RTIFS 法将关联度计算的范围推广到不确定信息环境下,并给出多特征序列关联趋势的分类结果。

文献[125]将集对分析(SPA)、联系数(CN)与故障树理论相结合,分析了信函分拣系统识别模块故障的设备原因和人为因素;将系统或部件常介于故障与非故障之间的状态体现出来,从定量和定性两个方面对信函分拣系统的识别单元进行了可靠性分析,并就分析结果提出了改进和维护方案。

文献[126]针对传统可靠性分析仅考虑系统正常运行及发生故障两种状态、而没有考虑其在亚健康状态下运行的问题,提出了基于集对分析的弹炮结合防空武器系统在亚健康模式下的可靠性分析方法。

文献[127]在地下管线失效故障树分析的基础上,引入了集对分析方法,从"同""异""反"3 个方面反映了地下管线系统的可靠(完全正常地运行)、可靠与不可靠的模糊中介过渡(局部暂时的轻微的故障,简称为异常)、不可靠(失效,或简称为反常);通过有关联系数的运算与分析,形成了基于 FTA-SPA 的地下管线系统可靠性分析模型。

文献[128]介绍了就输变电工程风险发生的原因进行的逐层分解、采用故障树法构建其风险评价指标;运用集对分析理论推导了集对故障树计算法则,并且建立了输变电工程风险评估模型。

文献[129]提出了区间数序列关联趋势分析法(RTASI 法)。该文献首先利用区间数距离表示不确定信息的差别,经过时移和翻转转换对序列进行匹配;然后通过区间数序列之间的距离计算序列关联度;最后应用集对分析法对序列间的关联趋势进行分类。RTASI 法将关联度计算的范围推广到不确定信息环境中,并且给出了序列关联趋势的分类结果。

文献[130]基于集对分析联系数理论和故障树理论,研究了 BA 系统的可靠性分析方法,详细分析了可能引起 BA 系统故障的各种因素,建立了系统的故障树模型,并且确定了系统故障原因的各种可能组合方式;引入中间状态概率的概念,并且结合集对分析联系数理论,建立了 BA 系统的可靠性评定模型;通过 BA 冷源系统的仿真实例,验证了模型的可靠性和有效性。

文献[131]提出了一种应用集对分析方法实现摩擦学系统状态辨识的新方法。其基本思想是,通过从"同""异""反"3 个方面计算联系度研究摩擦学系统状态辨识的确定性与不确定性,实现集定量和定性信息于一体的辨识方法。该方法不仅建立了摩擦学系统状态辨识的集对分析模型,而且成功地应用于滚动轴承摩擦学系统的状态识别。

集对分析中联系数的建立对于系统故障演化过程的分析极其重要。使用联系数表示故障中可靠度和失效度及不确定部分的关系,一方面可形成特征函数,进而参与空间故障网络的分析;另一方面可得到系统故障演化过程的可靠度、失效度和不确定部分的比例,为演化过程分析提供有效方法。

1.8 本书的主要内容

在空间故障网络理论框架下,本书主要介绍系统故障演化过程。本书研究重点包括:故障演化过程中影响因素权重的确定;故障模式确定及其与演化的关

系;演化过程中参与者双方收益与系统收益特征研究;等等。本书共分11章,各章主要内容如下:

第1章:绪论。本章主要综述了系统故障演化过程、空间故障树理论、空间故障网络理论、影响因素权重确定理论、故障模式分析理论、博弈与参与者收益理论和集对分析理论,并且列出了本书的主要内容。

第2章:系统故障状态等级研究。首先,提出一种基于突变级数和改进AHP的系统故障状态等级确定方法;其次,将系统故障过程表示为系统故障演化过程,使用空间故障网络表示系统故障演化过程,进而转化为故障树结构;再次,使用改进AHP方法确定故障树中各层事件相对权重;然后,使用突变级数法确定各层事件分值;最后,给出系统故障状态等级确定方法,论述该方法的步骤,解释各方法耦合工作的机制。

第3章:动态故障模式识别方法。本章以不同因素影响下的故障数量变化为基础提出动态故障模式识别方法。首先,以空间故障树理论的特征函数和故障分布提供故障数据变化特征,以集对分析的联系数表达识别的确定性和不确定性计算联系度,进而计算识别度完成故障样本模式的识别;其次,论述动态故障模式识别方法的可行性,给出以单一因素影响和多因素联合影响下的动态识别方法流程。

第4章:网络中因素权重确定方法。本章提出一种考虑层次结构和网络特征联系的因素权重确定方法,以入度表征因素受影响程度,以出度表征影响其他因素程度,以网络结构中各因素的入度和出度为基础,建立关系并确定各层因素权重,给出该方法的定义和步骤,定义指标评价系统,至下而上逐层确定因素权重。该方法分为两种:因素出度权重相同且和为1;出度权重不同且和为1。后者是在前者基础上实现的。该方法特点在于:考虑了指标系统中的网络结构和各因素的相互影响,是线性分析,无须复杂计算过程;当出度权重不同时,可实现从网络结构和经验数据两方面确定因素权重。

第5章:因素主客观权重确定方法。本章主要论述主客观分析的特点和关系:客观分析以数据事实或信息为基础,需要确定所有因素和数据;主观分析具有较强的宏观性,但受限于人现有的能力和感官。本章还提出因素主客观综合权重确定方法,以层次分析确定主观权重,空间故障树确定客观权重,博弈方法确定综合权重,并给出具体的流程和步骤。

第6章:故障抑制措施成本效益分析。本章提出一种基于空间故障网络(SFN)的系统故障抑制措施成本效益分析方法。首先,以SFN为基础表示系统故障演化过程(SFEP),将SFN转化为空间故障树(SFT);其次,使用SFT的结构化简方法得到SFN的结构函数,将边缘事件发生概率和传递概率代入该结函数,得到最终事件发生概率。系统故障的抑制是通过删除 SFN 中某一过程事件或传递实现的,随后计算对应情况下 SFN 的最终事件发生概率。另外,本章结合原始概率和抑制后概率,考虑到最终事件发生的损失和抑制措施成本,最终得到该抑制措施带来的效益。

第 7 章:操作者与管理者行为博弈演化与收益。本章基于系统故障演化过程(SFEP)表示的空间故障网络(SFN),提出博弈演化与收益分析方法。操作者代表了系统实际工作者,行为包括安全行为和不安全行为。管理者代表了系统管理者和所有者,行为包括奖励行为和惩罚行为。首先,确定了方法的基本参数;其次,研究了博弈演化过程的博弈逻辑关系;再次,采用悲观和乐观两个角度研究二者不同行为相互作用后的收益关系,给出操作者收益和管理者收益的"与""或"逻辑表达式;最后,研究博弈过程的演化结果,得到操作者和管理者博弈后收益结果表达式,最终从收益判断博弈胜出方。

第 8 章:系统博弈综合收益分析。本章提出基于空间故障网络(SFN)和博弈论的系统收益分析方法:首先,论述系统中操作者和管理者的意义、界定和关系;其次,说明了 SFN 表示博弈过程的可行性;再次,确定方法的基本参数、基本参数与事件综合收益关系、博弈逻辑关系与系统收益;最后,将操作者和管理者各种行为作用于事件后的事件综合收益,经过"与""或"逻辑演化,最终得到系统收益,并判断收益博弈胜出者。

第 9 章:三层博弈演化系统价值分析。本章提出一种三层博弈演化分析方法。参与者包括操作者和管理者,前者具有可靠行为、无行为、故障行为,后者具有奖励行为、无行为、惩罚行为,这些行为的选择构成第一层博弈。二者各行为组合的 9 种方案对事件实施后的结果不同,即事件功能价值变化,构成第二层博弈。多个事件在故障过程中相互作用影响系统功能价值构成第三层博弈。系统功能价值体现在预定功能的完成,上述过程博弈改变了事件和系统的功能价值。人们可以从最优的乐观和最不利的悲观角度对经历博弈演化后系统功能价值变化进行分析。

第 10 章:系统故障预防方案确定方法。本章提出一种基于空间故障网络(SFN)和网络攻击博弈模型(NADG)的系统故障预防方案确定方法。SFN 主要通过描述系统故障演化过程(SFEP)并化简得到系统故障表达式,提供可能的系统故障引起和预防行为;同时,对于原 NADG 模型的定义和分析流程,应按照需求进行修改。本章内容包括:论述系统故障形成机理;分析引起和预防系统故障的行为;建立 SFN-NADG 模型。

第 11 章:结论和展望。本章介绍本书得到的一些研究结论,并对未来的研究工作进行展望。

本书内容是空间故障树理论框架内的研究成果,主要集中在空间故障网络部分(第三阶段),用于研究系统故障演化过程中因素权重分析、故障模式确定以及过程中管理者和操作者双方的博弈与演化关系等。这些研究内容是安全科学基础理论的发展,也是与相关科学领域的交叉研究,可为安全科学基础理论提供新的发展方向,也可解决对应的实际问题。

第 2 章　系统故障状态等级研究

研究系统故障过程的切入点很多,系统故障往往是从一些事件或元件故障开始的。经历了各种宏观偶然以及微观因果关系的变化过程,最终导致系统整体故障,丧失了系统功能或功能下降。系统故障的可能原因往往容易确定,一旦系统进入故障过程,将受到各种事件及其因果关系和各种因素的影响,从而使系统故障过程千变万化。研究人员将这种系统故障过程定义为 SFEP[54,132-134]。可以认为,SFEP 建立了从故障基本原因到系统故障发生过程的桥梁。因此,在SFEP 的基础上,需要了解引起系统故障的基本元件或事件的故障状态以及它们在演化过程中的重要性,最终确定系统故障状态等级。

对于系统故障过程和故障等级确定的研究有很多,这些方法在各自领域中起到了积极作用,为故障过程研究和故障等级的确定提供了有力支持。但是,在不了解 SFEP 的情况下,人们难以通过表面现象找到基本原因和系统故障等级之间的关系。

为了解决上述问题,本书将系统故障过程抽象为 SFEP,使用 SFN 进行表示,然后转化为 SFT[14],最终转化为经典故障树。在树形结构基础上,使用改进后的 AHP 确定各事件相对权重,并且使用突变级数法确定各事件分值,最终建立系统故障状态等级确定方法。

2.1　改进层次分析的事件重要度确定

图 2.1(a)是设定的某 SFEP 的 SFN。其中,$e_{1\sim5}$ 是边缘事件(SFEP 的开始);$E_{1\sim4}$ 是中间事件;T 是最终事件(SFEP 的最终结果);$q_{1\sim10}$ 是传递概率;箭头方向为传递方向,由原因事件指向结果事件。事件下标"＋"和"·"分别表示导致它发生的原因事件之间的或与逻辑关系。当然,还有更复杂的逻辑关系,见

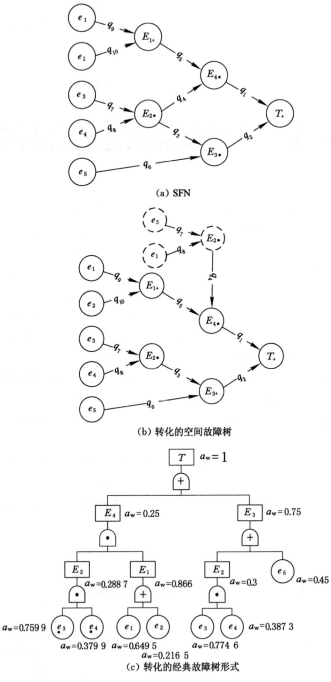

(a) SFN

(b) 转化的空间故障树

(c) 转化的经典故障树形式

图 2.1 实例 SFEP

何华灿教授提出的泛逻辑理论中的柔性逻辑[135-136]。

图 2.1(b)是 SFN 转换得到的 SFT。其中，a_w 是边缘事件权重。SFN 分析采取两种方式：一是 SFN 转化为 SFT，可借助已有研究成果；二是 SFN 的结构化表示方法，有利于计算机处理。这里采用第一种得到图 2.1(b)，图中的虚线圆代表同位事件，与被同位事件表示同一事件，只用于转化后填补逻辑事件。

为了进一步应用改进 AHP 和突变级数法，可将 SFT 转化为经典故障树形式。利用该树形结构可以确定事件权重和分值，而不是进行原有的定性和定量计算。

传统 AHP 使用九标度进行分析。其优点是，当比较对象较多时，可以详细地分辨对象之间的重要关系；缺点是，当比较对象较少时，难以把握对象重要性比较的具体标度值，易造成对比结果的夸大或缩小。因此，这里针对少事件比较使用三标度分析，即"0"代表小于、"1"代表相等、"2"代表重要；同时，根据文献[137-139]，引入最优传递矩阵计算判断矩阵的拟优一致矩阵。这里可不计算指标一致性，计算复杂度降低、速度快且精度满足要求。改进 AHP 过程如下：

（1）确定被分析的比较矩阵 Q；

（2）计算重要性排序指数 L，如式(2.1)所列：

$$L(i) = \sum_{j=1}^{n} Q(i,j) \tag{2.1}$$

式中　i——Q 的行号；

　　　j——Q 的列号；

　　　n——Q 的列数。

（3）建立判断矩阵 V，如式(2.2)所列：

$$V(i,j) = \begin{cases} \dfrac{L(i) - L(j)}{\max L(i) - \min L(i)} \times \left(\dfrac{\max L(i)}{\min L(i)} - 1 \right) + 1, i < j \\ 1, i = j \\ V(j,i)^{-1}, i > j \end{cases} \tag{2.2}$$

（4）计算最优传递矩阵 H，如式(2.3)所列：

$$H(i,j) = \dfrac{\sum_{k=1}^{n} \lg \dfrac{V(i,k)}{V(j,k)}}{n} \tag{2.3}$$

（5）计算拟优一致矩阵 O，如式(2.4)所列：

$$O(i,j) = 10^{H(i,j)} \tag{2.4}$$

（6）计算最大向量值和归一化的最大特征向量，即事件权重 $\omega = [\omega_1, \omega_2, \cdots, \omega_n]$。

上述过程建立的改进 AHP 可确定转化的经典故障树同层事件的权重,并逐层分析。在获得同层各事件权重后,使用突变系数法按照权重次序进行归一化。

2.2 突变级数法的指标值转换

突变理论是法国数学家雷内·托姆(Rene Thom)于 20 世纪 60 年代提出的。突变理论的势函数包含两类变量,即状态变量和控制变量,它们是矛盾问题的两个方面[140-141],控制变量决定突变类型。突变类型理论上存在多种,但由于归一化等原因,在控制变量数超过 5 时,数值过小可以忽略。由于指标体系特点,控制变量为 1 且状态变量为 1 的情况不存在,因此给出控制变量数为 2～5 且状态变量数为 1 的突变类型、分支点集方程和归一公式,如表 2.1 所列。

表 2.1 各突变类型、分支点集方程和归一公式

突变类型	控制变量数	势函数	分支点集方程	归一公式
尖点	2	$V(x) = x^4 + ax^2 + bx$	$a = -6x^2,$ $b = 8x^3$	$x_a = a^{1/2},$ $x_b = b^{1/3}$
燕尾	3	$V(x) = x^5 + ax^3 + bx^2 + cx$	$a = -6x^2,$ $b = 8x^3,$ $c = -3x^4$	$x_a = a^{1/2},$ $x_b = b^{1/3},$ $x_c = c^{1/4}$
蝴蝶	4	$V(x) = x^6 + ax^4 + bx^3 + cx^2 + dx$	$a = -10x^2,$ $b = 20x^3,$ $c = -15x^4,$ $d = 4x^5$	$x_a = a^{1/2},$ $x_b = b^{1/3},$ $x_c = c^{1/4},$ $x_d = d^{1/5}$
棚屋	5	$V(x) = x^7 + ax^5 + bx^4 + cx^3 + dx^2 + ex$	$a = -x^2,$ $b = 2x^3,$ $c = -2x^4,$ $d = 4x^5,$ $e = -5x^6$	$x_a = a^{1/2},$ $x_b = b^{1/3},$ $x_c = c^{1/4},$ $x_d = d^{1/5},$ $x_e = e^{1/6}$

利用突变级数法确定同层各事件归一化分值和上层分值的步骤如下:

(1)确定本层事件及其分值,分值在[0,1]内。

(2)事件数即为控制变量数,选择突变模型。

(3)根据改进 AHP 得到的事件权重排序,对各事件分值进行归一化处理。

（4）根据互补和不互补原则计算上层事件分值。

互补原则是同层事件对上层事件起相互补充作用,可取各事件归一化后分值的平均值[142],对应于事件间逻辑关系的"或"关系。非互补原则是同层事件对上层事件不起互补作用,可取各事件归一化后分值的最小值,对应于事件间逻辑关系的"与"关系。

2.3　系统故障状态等级确定

系统故障状态等级确定,首先利用 SFN 表示 SFEP,然后转化为经典故障树。由于对比事件较少,使用改进 AHP 获得权重;同时,使用突变级数法并根据权重排序事件,选择突变模型,确定归一化事件故障状态分值,最终逐层计算系统故障状态等级。系统故障状态等级确定方法具体步骤:

（1）确定 SFEP。

（2）转化为 SFN,确定边缘事件 $e = \{e_1, \cdots, e_N\}$、过程事件 $E = \{E_1, \cdots, E_M\}$ 和最终事件 T,以及它们的逻辑关系——"与""或"关系。

（3）SFN 转化为经典故障树。

（4）设定等级范围 D 及各边缘事件分值 $P = [p_1, \cdots, p_N]$。等级范围 D 如式（2.5）所列:

$$D = \{[d_0, d_1], \cdots, [d_{\theta-1}, d_{\theta}] \mid d_0 < d_1 <, \cdots, < d_{\theta-1} < d_{\theta}$$
$$且 \ \forall [d_i, d_{i+1}] \bigcap [d_j, d_{j+1}] = \varnothing, i, j = 0, \cdots, \theta-1$$
$$且 [d_0, d_1] \bigcup, \cdots, \bigcup [d_{\theta-1}, d_{\theta}] = [0, 1]\} \tag{2.5}$$

（5）根据改进 AHP 计算故障树中各层各边缘事件 e 和过程事件 E 的权重。

（6）利用突变级数法对各层事件根据事件评分 P 和重要度 ω 确定上层事件分值。

（7）循环步骤（5）和步骤（6）,直到得到系统分值。

（8）故障树层数减 1 作为突变次数,使用突变系数法转换原等级范围 D 到 D'。

（9）当出现边缘事件在不同层时,从系统总权重 1 向下,根据各层事件相对权重和逻辑关系,逐层向下确定所有事件权重 a_w,如果有重复事件,则权重相加,最终得到边缘事件权重 a_w 归一化的权重 e_w。

（10）根据边缘事件被转化的次数确定故障状态范围,并乘以这些边缘事件权重的和;同理,确定其他边缘事件权重与对应范围的积,所得所有范围的交集即为系统故障状态范围,最终确定系统故障状态等级。

2.4 实 例 分 析

实例 SFEP 如图 2.1(a)所示,转化的 SFT 如图 2.1(b)所示。确定边缘事件 $e = \{e_1, e_2, e_3, e_4, e_5\}$、过程事件 $E = \{E_1, E_2, E_3, E_4\}$ 和最终事件 T,对图 2.1(c)进行分析。设定等级范围 $D = \{[0, 0.2)$ 极易故障,$[0.2, 0.4)$ 较易故障,$[0.4, 0.6)$ 一般故障,$[0.6, 0.8)$ 较少故障,$[0.8, 0.1]$ 不故障$\}$ 及各边缘事件的分值 $P = \{0.6, 0.7, 0.8, 0.85, 0.9\}$。计算各边缘事件 e 和过程事件 E 的权重,如表 2.2 所列。

表 2.2 各事件权重

		e_3	e_4		e_1	e_2		E_1	E_2		e_5	E_2		E_3	E_4
Q	e_3	1	1	e_1	1	2	E_1	1	2	e_5	1	0.5	E_3	1	2
	e_4	0	1	e_2	0	1	E_2	0	1	E_2	0	1	E_4	0	1
V	e_3	1	2	e_1	1	3	E_1	1	3	e_5	1	1.5	E_3	1	3
	e_4	0.5	1	e_2	0.333 3	1	E_2	0.333 3	1	E_2	0.666 7	1	E_4	0.333 3	1
H	e_3	0	0.301	e_1	0	0.477 1	E_1	0	0.477 1	e_5	0	0.176 1	E_3	0	0.477 1
	e_4	-0.301	0	e_2	-0.477 1	0	E_2	-0.477 1	0	E_2	-0.176 1	0	E_4	-0.477 1	0
O	e_3	1	2	e_1	1	3	E_1	1	3	e_5	1	1.5	E_3	1	3
	e_4	0.5	1	e_2	0.333 3	1	E_2	0.333 3	1	E_2	0.666 7	1	E_4	0.333 3	1
ω		0.666 7	0.333 3		0.75	0.25		0.75	0.25		0.6	0.4		0.75	0.25

注:当只有二者对比时,V 和 O 相同。

根据表 2.2 得到的各层各事件权重,结合各边缘事件初始分值,可计算系统故障状态分值。计算过程如表 2.3 所列。

表 2.3 各事件分值

	e_3	e_4	e_1	e_2	E_1	E_2	e_5	E_2	E_3	E_4
初始分值	0.800 0	0.850 0	0.600 0	0.700 0	0.831 3	0.894 4	0.900 0	0.894 4	0.956 1	0.911 8
归一化	0.894 4	0.947 3	0.774 6	0.887 9	0.911 8	0.963 5	0.948 7	0.963 5	0.977 8	0.969 7
与上层事件关系	与,不互补		或,互补		与,不互补		或,互补		或,互补	
上层事件	E_2		E_1		E_4		E_3		T	
分值	0.894 4		0.831 3		0.911 8		0.956 1		0.969 7	

由表 2.3 可知,系统故障状态分值为 0.969 7,但这并非系统真实的故障状态等级。由于突变级数法通过小于 1 的次数计算分值,因此随着变异次数增加,分值逐渐向 1 靠近。由此可见,需要对原始 D 进行突变系数法转换,转换次数与树形结构层数减 1 相同。如图 2.1(c)所示,从边缘事件到最终事件(系统故障)共有 4 层,则需要转换 3 次。具体过程如表 2.4 所列。

表 2.4 故障等级范围的转换

	极易故障	较易故障	一般故障	较少故障	不故障
原始 D	$[0,0.2)$	$[0.2,0.4)$	$[0.4,0.6)$	$[0.6,0.8)$	$[0.8,0.1]$
第 1 次 D'	$[0,0.881\ 1)$	$[0.881\ 1,0.910\ 2)$	$[0.910\ 2,0.936\ 1)$	$[0.936\ 1,0.964\ 2)$	$[0.964\ 2,0.1]$
第 2 次 D''	$[0,0.986\ 4)$	$[0.986\ 4,0.988\ 2)$	$[0.988\ 2,0.990\ 5)$	$[0.990\ 5,0.994\ 0)$	$[0.994\ 0,0.1]$
第 3 次 D'''	$[0,0.992\ 6)$	$[0.992\ 6,0.992\ 7)$	$[0.992\ 7,0.992\ 1)$	$[0.992\ 1,0.991\ 8)$	$[0.991\ 8,0.1]$

进一步考虑图 2.1(c),e_5 被转换了 2 次,其余边缘事件被转换了 3 次。在表 2.3 中,系统故障状态分值 $T=0.969\ 7$,转换 2 次和 3 次都属于极易故障状态。

根据系统权重 1 分配各事件相对权重,如图 2.1(c)中各事件的 a_w 值。例如,$T=1$,E_3 和 E_4 是"或"关系,且相对权重是 0.75 和 0.25,故 E_3 和 E_4 的权重为 0.75 和 0.25。又如,E_4 的权重为 0.25,E_2 和 E_1 是"与"关系,它们相对权重是 0.25 和 0.75,因此 E_2 和 E_1 的权重分别为 0.288 7 和 0.866 0。因此,边缘事件权重 $a_w=\{0.649\ 5,0.216\ 5,1.534\ 5,0.767\ 2,0.450\ 0\}$。边缘事件权重 a_w 归一化的权重 $e_w=\{0.179\ 5,0.059\ 8,0.424\ 2,0.212\ 1,0.124\ 4\}$。由于第 2 次和第 3 次转化后的系统得分均处于极不安全状态,因此与各边缘事件的权重无关。这里只是说明了 2.3 节中步骤(9)和步骤(10)的分析过程。

该方法特点在于:SFN 提供了故障起始原因与系统最终故障之间的关系,还提供了可分析的树形结构。改进 AHP 适合于对比事件较少的情况,且无须一致性检验,确定各事件相对权重。根据权重和起始原因事件分值,突变级数法逐层计算,获得系统故障状态分值。突变级数法转换系统故障状态等级值域,最终确定系统故障状态等级。显然,基于 SFN 的上述方法耦合达到了理想效果,各方法优势互补,降低计算量且精度满足要求,为从原因故障状态得到系统故障状态等级提供了有效方法。

2.5 本章小结

本章建立了一种基于突变级数法和改进 AHP 的系统故障状态等级确定方法。本章主要研究结论如下：

（1）SFN 可作为分析基础。系统故障过程用 SFEP 表示，SFN 用于描述 SFEP。将 SFN 转换为 SFT，进一步转化为经典故障树，这是为了符合突变级数法和改进 AHP 的应用条件。

（2）结合 SFN 给出了突变级数法和改进 AHP 的步骤和作用。改进 AHP 适合比较事件较少的情况，无须一致性检验，能确定各事件相对权重。根据相对权重和初始原因事件分值，突变级数法可计算系统故障状态分值。

（3）给出了系统故障状态确定方法。具体包括：确定 SFEP 和各种事件，然后用 SFN 表示并转化为经典故障树结构；设定各故障状态等级和各边缘事件分值；根据改进 AHP 计算故障树中各层各事件权重；利用突变级数法计算各层各事件分值和重要度确定上层事件分值；使用突变系数法转换等级范围；得到边缘事件权重和归一化权重；最终确定系统故障状态等级。

第3章 动态故障模式识别方法

系统故障模式识别是指通过已有系统故障标准模式识别系统故障样本模式的过程。其目的在于对样本故障模式的特征及其对应预防治理措施给出依据。系统故障标准模式是系统已经出现的相对重要的故障状态,且针对该故障状态已制定了完备的预防治理措施。对所有新出现的故障样本模式,不可能再针对其特点重新制定预防治理措施,而是根据故障标准模式识别故障样本模式,从而对新的故障样本模式采取已有措施,降低预防治理系统故障的成本并提高效率。例如,专项安全检查使用的安全检查表、事故发生前制定的应急预案等。另外,两种故障模式的识别比较应从两方面分析,一是具有绝对故障数量值的比较,二是对故障变化情况的态势比较。虽然两种方法各有特点,但是如何构建这些方法依然存在问题。

目前,对系统故障及其故障模式的识别已成为安全及系统工程领域的研究热点。这些研究成果在各自领域取得了良好的应用效果,提供了较为有效的分析方法。但在多数情况下,这些方法都是具有相关领域技术背景的方法,缺乏系统层面的各领域通用性,而且少见将故障绝对量与故障变化趋势结合进行的故障模式识别研究。为了解决上述问题,本章针对故障变化特征,使用集对分析联系数表示识别的确定度和不确定度,同时使用空间故障树的特征函数和故障分析表示故障变化的基本特征,建立了动态故障模式识别方法。需要说明的是,对于故障绝对量的分析见其他著作。

3.1 空间故障树与联系数

使用空间故障树理论的主要原因是它可以表示故障数据的变化特征。基于该变化特征,只有集对分析的联系数才能确定具体的参数值,进而计算联系度和识别度,并且完成模式识别。

多因素影响下的动态故障模式识别可分为两种:一是故障变化只考虑单一因素变化影响;二是故障变化考虑多个因素的联合作用。前者可使用特征函数进行表示(特征函数是指故障发生概率与单一影响因素之间的关系,这里特指故障发生数量与单一影响因素之间的关系)。后者使用故障分布进行表示,即以各因素为坐标轴构建多维坐标空间。由于多维空间不同区域的故障数量不同,所以故障数量以曲面形式分布。因此,人们可以利用曲面的变化表示故障数量的变化特征。通过现有手段,当获得单一因素变化、其余因素不变的故障数据时,则使用特征函数。如果人们难以获得特征函数,则考虑多因素联合作用下导致的故障数据——使用故障分布。当然,通过特征函数的叠加是可以得到故障分布的,但在特征函数已知情况下,这样做显然缺乏必要性。

在获得故障(数量)数据后,需要对相同情况下系统故障标准模式与故障样本模式的情况进行比较,当变化达到要求时,则识别为"相同",否则为"不同"。但是,该过程面对的问题是识别过程中蕴含的确定性和不确定性。因此,可使用集对分析中的联系数计算标准模式和样本模式的联系度[111,143-146]。集对分析理论是赵克勤教授在 1989 年提出的全新数学方法——确定性与不确定性分析[111]。联系数是集对分析的核心,代表了事物间关系的确定性和不确定性。联系数也有二元到多元的区别,最基本的是二元联系数和三元联系数。二元联系数 $\mu = a + bi$,a 和 b 分别表示确定性分量和不确定性分量,i 为不确定性系数,表示二者确定与不确定关系。三元联系数 $\mu = a + bi + cj$,a、b 和 c 分别表示同分量、异分量和反分量,i 表示异分量系数,j 表示反分量系数,表示二者同异反关系。多元联系数中的"同"和"反"都是必须存在的,而对异关系进行更高阶的拆分。例如,安全评价中除了安全(同)状态和不安全(反)状态,其过渡状态——较安全状态、一般安全状态、较不安全状态等分类都是异状态的细分。

通过集对分析联系数的计算可进一步求得联系度和识别度,最终根据故障标准模式对故障样本模式进行识别。

3.2 动态故障模式识别方法构建

动态识别故障模式主要解决的问题是比较、分析故障标准模式和故障样本模式的变化关系,从变化的趋势了解模式相似性,克服了直接从绝对量的对比角度识别故障模式的缺点。在故障模式识别过程中,经常会出现两种模式本质相同,但由于原始累计及时间等因素效应影响,导致出现数量上的较大差别。一方面,使用传统方法可能将它们识别为不同的故障模式,但其模式本质是相同的;另一方面,故障模式的差别除了绝对量值差别外,其变化规律也是重要体现,而且对于模式识别来说更为关键。因此,这里提出基于故障模式的动态变化差异来识别故障模式。

　　从动态角度识别故障模式的差异,首先要了解使故障模式变化的动力来源。本书提出了系统运动空间与系统映射论,认为因素是影响故障模式变化的关键,不同的因素值导致了故障模式变化的多样性。对于故障模式变化的表示,在空间故障树理论中,一般将系统故障概率作为函数值,将因素值作为变量,建立函数表达式,即特征函数。同样,也可以将因素变化过程中故障数量的变化作为函数值,将因素作为变量,建立函数表达式。进一步对该函数的因素求偏导数,得到故障模式的变化特征。以此作为基础,借助集对分析联系数表达识别的确定性和不确定性,从而最终完成故障模式的识别。下面建立动态故障模式识别方法,如式(3.1)所列:

$$
\begin{cases}
T = \{R_S, R, F, X, W\} \\
R_S = \{r_{S_1}, r_{S_2}, \cdots, r_{S_M}\}, m \in \{1, \cdots, M\} \\
R = \{r_1, r_2, \cdots, r_N\}, n \in \{1, \cdots, N\} \\
F = \{f_1, f_2, \cdots, f_Q\}, q \in \{1, \cdots, Q\}; F', F'', \cdots, F^{(L)} \subseteq F, l \in \{1, \cdots, L\} \\
X = \{x_1, x_2, \cdots, x_Q\}, X', X'', \cdots, X^{(L)} \subseteq X \\
W = \{w_1, w_2, \cdots, w_Q\}
\end{cases}
$$

$$(3.1)$$

式中　R_S ——故障标准模式集合,数量为 M,m 为 1 到 M 之间的整数;

　　　R —— 故障样本模式集合,数量为 N,n 为 1 到 N 之间的整数;

　　　F —— 因素集合,数量为 Q,q 为 1 到 Q 之间的整数;

　　　F —— 子集 $F', F'', \cdots, F^{(L)}$ 的集合,$F', F'', \cdots, F^{(L)} \subseteq F$,$l$ 为子集数量,$l \in \{1, 2, \cdots, L\}$;

　　　X —— 因素值集合,$X', X'', \cdots, X^{(L)}$ 为对应的 $F', F'', \cdots, F^{(L)}$ 的具体数值集合,$X', X'', \cdots, X^{(L)} \subseteq X$;

　　　W —— 因素的权重集合。

　　步骤 1　确定故障模式变化的特征函数。

　　特征函数的表示方法分为两类:一类是单因素与故障数的关系;另一类是多因素联合与故障数的关系。前者需要明确了解只有单一因素变化时的系统故障发生数量变化,此时使用因素变量与故障数构成特征函数表示变化;后者是当难以区分单一因素影响故障数变化时,确定在多因素影响下的系统故障数变化情况,使用空间故障树中的故障分布确定。另外,前者可理解为单变量函数,后者为多变量函数。设在因素 f_q 影响下的故障标准模式和故障样本模式的特征函数分别为 $P^{r_{s_m}}(x_q)$ 和 $P^{r_n}(x_q)$,在多因素 $F^{(l)}$ 影响下的故障标准模式和故障样本模式的特征函数分别为 $P^{r_{s_m}}(X^{(l)})$ 和 $P^{r_n}(X^{(l)})$。

步骤 2 确定联系度的系数。

对比 $P^{r_{s_m}}(x_q)$ 和 $P^{r_n}(x_q)$,$P^{r_{s_m}}(X^{(l)})$ 和 $P^{r_n}(X^{(l)})$ 的变化程度,可用二者差与故障标准模式(特征函数和故障分布)值的比值来衡量。使用集对分析的三元联系数表示故障标准模式与故障样本模式识别的同异反状态。比值越小,说明两种模式的变化越接近,表示同状态;比值越大,说明变化差别越大,表示反状态;二者过渡的中间状态表示异状态。因此,设比值在 $[0,30\%)$ 为同状态;$[30\%,70\%)$ 为异状态;$[70\%,+\infty)$ 为反状态。确定联系数的各系数需要先确定 N_a、N_b 和 N_c,它们分别代表了所有因素值或多因素值组合情况下的同状态、异状态和反状态的比值计数量。因此,在单因素情况下,N_a、N_b 和 N_c 的计算方法如式(3.2)所列,多因素如式(3.3)所列:

$$[N_a, N_b, N_c] = \begin{cases} N_a = N_a + 1, & \dfrac{|P^{r_{s_m}}(x_q)/\partial x_q - P^{r_n}(x_q)/\partial x_q|}{|P^{r_{s_m}}(x_q)/\partial x_q|} \in [0,30\%) \\[4mm] N_b = N_b + 1, & \dfrac{|P^{r_{s_m}}(x_q)/\partial x_q - P^{r_n}(x_q)/\partial x_q|}{|P^{r_{s_m}}(x_q)/\partial x_q|} \in [30\%,70\%) \\[4mm] N_c = N_c + 1, & \dfrac{|P^{r_{s_m}}(x_q)/\partial x_q - P^{r_n}(x_q)/\partial x_q|}{|P^{r_{s_m}}(x_q)/\partial x_q|} \in [70\%,+\infty) \end{cases}$$

$$(3.2)$$

$$[N_a, N_b, N_c] = \begin{cases} N_a = N_a + 1, & \dfrac{|P^{r_{s_m}}(X^{(l)})/\partial X^{(l)} - P^{r_n}(X^{(l)})/\partial X^{(l)}|}{|P^{r_{s_m}}(X^{(l)})/\partial X^{(l)}|} \in [0,30\%) \\[4mm] N_b = N_b + 1, & \dfrac{|P^{r_{s_m}}(X^{(l)})/\partial X^{(l)} - P^{r_n}(X^{(l)})/\partial X^{(l)}|}{|P^{r_{s_m}}(X^{(l)})/\partial X^{(l)}|} \in [30\%,70\%) \\[4mm] N_c = N_c + 1, & \dfrac{|P^{r_{s_m}}(X^{(l)})/\partial X^{(l)} - P^{r_n}(X^{(l)})/\partial X^{(l)}|}{|P^{r_{s_m}}(X^{(l)})/\partial X^{(l)}|} \in [70\%,+\infty) \end{cases}$$

$$(3.3)$$

步骤 3 计算故障标准模式与故障样本模式的联系度。

使用三元联系数表示联系度。在单因素 f_q 影响下的故障标准模式和故障样本模式的联系度 $\mu_{f_q}(r_n \to r_{S_m})$ 及多因素 $F^{(l)}$ 影响下的联系度 $\mu^{F^{(l)}}(r_n \to r_{S_m})$ 如式(3.4)所列:

$$
\begin{cases}
\mu_{f_q}(r_n \rightarrow r_{S_m}) = a + bi + cj \\
\mu^{F^{(l)}}(r_n \rightarrow r_{S_m}) = a + bi + cj \\
a = \dfrac{N_a}{N_a + N_b + N_c}, b = \dfrac{N_b}{N_a + N_b + N_c}, c = \dfrac{N_c}{N_a + N_b + N_c} \\
a + b + c = 1, i = \dfrac{a - c}{a + b + c}, j = -1
\end{cases}
\tag{3.4}
$$

在式(3.4)中,a、b 和 c 分别由式(3.2)和式(3.3)得到的 N_a、N_b 和 N_c 确定。另外,a 和 c 分别表示识别的确定性,b 表示识别的不确定性,i 和 j 采用相似比法确定具体数值[143]。

步骤 4　确定因素权重。

因素 $F = \{f_1, f_2, \cdots, f_Q\}$ 的权重 $W = \{w_1, w_2, \cdots, w_Q\}$ 可采用专家法或熵权法等确定。多个单因素分别作用时的因素权重为 $w_1, w_2, \cdots, w_Q$,多个因素联合作用时不同联合因素的权重如式(3.5)所列:

$$
\begin{cases}
W' = \displaystyle\sum_{w \in W'} w \bigg/ \sum_{l \in L'} W^{(l)} \\
W'' = \displaystyle\sum_{w \in W''} w \bigg/ \sum_{l \in L''} W^{(l)} \\
\vdots \\
W^{(L)} = \displaystyle\sum_{w \in W^{(L)}} w \bigg/ \sum_{l \in L^{(L)}} W^{(l)}
\end{cases}
\tag{3.5}
$$

步骤 5　确定识别度。

确定 f_q 或 $F^{(l)}$ 影响下 r_n 与 r_{S_m} 的识别度 $S_F(r_n \rightarrow r_{S_m})$,需要权重 W 和 $\mu_{f_q}(r_n \rightarrow r_{S_m})$ 及 $\mu^{F^{(l)}}(r_n \rightarrow r_{S_m})$,识别度如式(3.6)所列:

$$
S_F(r_n \rightarrow r_{S_m}) = \begin{cases}
[w_1 \quad w_2 \quad \cdots \quad w_Q]^{\mathrm{T}} \times \\
[\mu_{f_1}(r_n \rightarrow r_{S_m}) \quad \mu_{f_2}(r_n \rightarrow r_{S_m}) \quad \cdots \quad \mu_{f_Q}(r_n \rightarrow r_{S_m})] \\
[W' \quad W'' \quad \cdots \quad W^{(L)}]^{\mathrm{T}} \times \\
[\mu^{F'}(r_n \rightarrow r_{S_m}) \quad \mu^{F''}(r_n \rightarrow r_{S_m}) \quad \cdots \quad \mu^{F^{(L)}}(r_n \rightarrow r_{S_m})]
\end{cases}
\tag{3.6}
$$

步骤 6　确定识别结果。

确定故障样本模式 r_n 对故障标准模式 $r_{S_{1 \sim M}}$ 的隶属关系。当某个 $S_F(r_n \rightarrow r_{S_m})$ 值在所有的 $S_F(r_{1 \sim N} \rightarrow r_{S_{1 \sim M}})$ 中最大时,对应的 n 和 m 即为所求,如式(3.7)所列:

$$
\langle n, m \rangle = \{\langle n, m \rangle \mid \max\{S_F(r_n \rightarrow r_{S_1}), S_F(r_n \rightarrow r_{S_2}), \cdots, S_F(r_n \rightarrow r_{S_M})\}, m \in [1, M]\}
\tag{3.7}
$$

根据上述步骤,即可实现在多因素及单因素作用下根据系统故障标准模式识别故障样本模式的目的。

3.3 实 例 分 析

下面研究一简单电气系统。

设系统故障影响因素 $F=\{f_1=温度,f_2=湿度,f_3=气压\}$；系统运行环境：$x_1\in[0\,℃,30\,℃]$，取样间隔为 $1\,℃$，$x_2\in[80\%,95\%]$，取样间隔为 1%，$x_3\in[1.05\,\text{MPa},1.35\,\text{MPa}]$，取样间隔为 $0.015\,\text{MPa}$；故障标准模式 $R_S=\{r_{S_1},r_{S_2}\}$；故障样本模式 $R=\{r_1,r_2,r_3\}$。由专家直接确定因素权重 $W=\{w_1=0.45,w_2=0.29,w_3=0.26\}$。

首先，研究多因素影响下各单因素变化过程中，故障样本模式的识别。下面只给出 r_1 与 r_{S_1} 的分析过程，其余同理。

(1) 确定三因素分别对应于标准和样本模式时的特征函数变化表达式(偏导数)，如式(3.8)所列：

$$
\begin{cases}
\begin{cases}
P^{r_{S_1}}(x_1)/\partial x_1=\{((x_1-4.9)^2-5.03\times(x_1-5)]/10.1+9.81\}/\partial x_1=0.198x_1-1.46\\
P^{r_1}(x_1)/\partial x_1=[(9.91x_1+6.78\sqrt{x_1})/9.3+10.2]/\partial x_1=0.36x_1^{\,-0.5}+1.03
\end{cases}\\
\begin{cases}
P^{r_{S_1}}(x_2)/\partial x_2=(1.1x_2-80.25)/\partial x_2=1.1\\
P^{r_1}(x_2)/\partial x_2=(1.25x_2-96.1)/\partial x_2=1.25
\end{cases}\\
\begin{cases}
P^{r_{S_1}}(x_3)/\partial x_3=(9.8x_3^{\,2.5}-7.9)/\partial x_3=24.5x_3^{\,1.5}\\
P^{r_1}(x_3)/\partial x_3=(10.1x_3^{\,1.2}-5.2)/\partial x_3=12.12x_3^{\,0.2}
\end{cases}
\end{cases}
$$

$$(3.8)$$

(2) 确定联系度的系数。根据式(3.2)的因素变化区域及其采样点，得到 r_1 与 r_{S_1} 的离散点分布情况，如图 3.1 所示。

同异反三种状态的数量统计，温度因素：$N_a=4$、$N_b=11$、$N_c=16$；湿度因素：$N_a=16$、$N_b=0$、$N_c=0$；气压因素：$N_a=0$、$N_b=21$、$N_c=0$。根据式(3.2)，可以得到三因素影响下联系度的系数，如式(3.9)所列：

$$
\begin{cases}
\mu_{f_1}(r_1\rightarrow r_{S_1})=0.13+0.35\times(-0.39)+0.52\times(-1)\\
\qquad\qquad\quad=-0.53\\
\mu_{f_2}(r_1\rightarrow r_{S_1})=1+0\times0+0\times(-1)\\
\qquad\qquad\quad=1\\
\mu_{f_3}(r_1\rightarrow r_{S_1})=0+1\times(0)+0\times(-1)\\
\qquad\qquad\quad=0
\end{cases}
$$

$$(3.9)$$

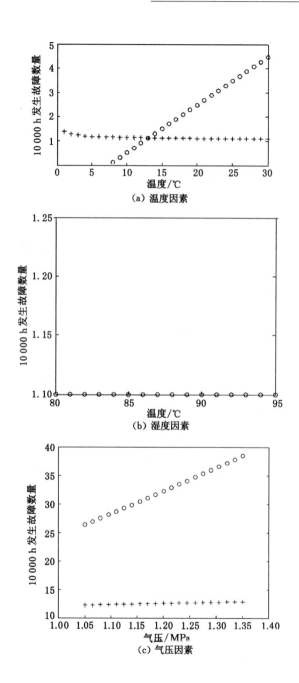

图 3.1　不同因素的 r_1 与 r_{S_1} 的特征函数

（3）计算联系度。根据式（3.4）和上述计算结果，得到各因素影响下的联系度。

（4）确定因素权重，$W = \{w_1 = 0.45, w_2 = 0.29, w_3 = 0.26\}$。

（5）确定识别度 $S_F(r_1 \rightarrow r_{S_1})$，见式（3.6）第一式，将权重和联系度代入，如式（3.10）所列：

$$S_F(r_1 \rightarrow r_{S_1}) = [0.45 \quad 0.29 \quad 0.26]^{\mathrm{T}} \times [-0.53 \quad 1 \quad 0] = 0.051\,5$$
$$(3.10)$$

同理，得到 $S_F(r_2 \rightarrow r_{S_1}) = 0.078\,5$ 和 $S_F(r_3 \rightarrow r_{S_1}) = 0.048\,8$。

（6）确定 r_1 与 $r_{S_{1 \sim M}}$ 的归属关系。根据式（3.7）和识别度，可以得到式（3.11），即：

$$\{1, m\} = \{\{1, m\} \mid \max\{S_F(r_1 \rightarrow r_{S_1}) = 0.051\,5,$$
$$S_F(r_1 \rightarrow r_{S_2}) = 0.078\,5, S_F(r_3 \rightarrow r_{S_3}) = 0.048\,8\}\} \quad (3.11)$$

其中，最大值 $S_F(r_1 \rightarrow r_{S_2}) = 0.078\,5$，即 $n = 1, m = 2$。由此可知，系统故障样本模式 r_1 归属于故障标准模式 r_{S_2}。

其次，研究多因素影响下因素联合变化过程中故障样本模式的识别。只列出 r_1 与 r_{S_1} 的分析过程，其余同理。r_1 和 r_{S_1} 由于技术条件限制，只能从多个因素的联合作用来体现故障模式。故障模式中具有两个明显故障：第一与因素 f_1 和 f_2 相关（F'）；第二与 f_1、f_2 和 f_3 相关（F''）。那么，r_1 的识别过程如下：

（1）确定标准和样本模式的故障分布变化表达式（高阶偏导数），如式（3.12）所列：

$$
\begin{cases}
P^{r_{S_1}}(x_1, x_2)/\partial x_1 \partial x_2 = (x_1 + x_2/8 + \sqrt{x_1 x_2})/\partial x_1 \partial x_2 \\
\qquad\qquad = 0.25\,(x_1 x_2)^{-0.5} \\
P^{r_1}(x_1, x_2)/\partial x_1 \partial x_2 = (x_1^2 + x_2/2 - 21)/\partial x_1 \partial x_2 \\
\qquad\qquad = 0 \\
P^{r_{S_1}}(x_1, x_2, x_3)/\partial x_1 \partial x_2 \partial x_3 = (x_1/2 + x_2\sqrt{x_1 x_2} - x_3)/\partial x_1 \partial x_2 \partial x_3 \\
\qquad\qquad = 0 \\
P^{r_1}(x_1, x_2, x_3)/\partial x_1 \partial x_2 \partial x_3 = (x_1^2/8 + x_2^2/2 + 1.4\sqrt{x_3})/\partial x_1 \partial x_2 \partial x_3 \\
\qquad\qquad = 0
\end{cases}
$$
$$(3.12)$$

（2）确定联系度的系数。根据式（3.3）在因素变化区域内及其采样点，f_1 和 f_2 联合影响下：$N_a = 0$、$N_b = 0$、$N_c = 480$；f_1、f_2 和 f_3 的联合影响下：$N_a = 10\,416$、$N_b = 0$、$N_c = 0$。由此通过计算得到联系度系数，如式（3.13）所列：

$$\begin{cases} \mu^{F'}(r_1 \to r_{S_1}) = 0 + 0 \times (-1) + 1 \times (-1) \\ \qquad\qquad = -1 \\ \mu^{F'}(r_1 \to r_{S_1}) = 1 + 0 \times 1 + 0 \times (-1) \\ \qquad\qquad = 1 \end{cases} \tag{3.13}$$

(3) 计算联系度。根据式(3.4)和上述计算结果,得到联系度,见式(3.13)。

(4) 确定因素权重。根据式(3.5),得到 $W' = (w_1 + w_2)/(w_1 + w_2 + w_1 + w_2 + w_3) = 0.425$,$W'' = (w_1 + w_2 + w_3)/(w_1 + w_2 + w_1 + w_2 + w_3) = 0.575$。

(5) 确定识别度 $S_F(r_1 \to r_{S_1})$,见式(3.6)第二式,将权重和联系度代入,如式(3.14)所列:

$$S_F(r_1 \to r_{S_1}) = [0.425 \quad 0.575]^T \times [-1 \quad 1] = 0.15 \tag{3.14}$$

同理得到 $S_F(r_1 \to r_{S_2}) = 0.23$。

(6) 确定 r_1 与 $r_{S_{1 \sim M}}$ 的归属关系。根据式(3.7)和识别度,得到式(3.15),即:

$$\{1, m\} = \{\{1, m\} \mid \max\{S_F(r_1 \to r_{S_1}) = 0.15, S_F(r_1 \to r_{S_2}) = 0.23\}\} \tag{3.15}$$

其中,最大值 $S_F(r_1 \to r_{S_2}) = 0.23$,即 $n = 1, m = 2$。由此可知,系统故障样本模式 r_1 归属于故障标准模式 r_{S_2}。其余 r_2 和 r_3 的识别同理可得。

该方法优点在于,人们可以从故障模式随因素变化的角度识别故障模式。研究表明,集对分析的联系数可表示识别的确定性和不确定性;空间故障树的特征函数和故障分布求偏导数可表示单因素和多因素联合影响下的故障模式变化。该方法与基于故障模式绝对量值比的方法共同组成系统故障样本模式识别方法。其中,绝对量值比方法见相关著作,这里不做赘述。

3.4　本章小结

本章从系统故障标准模式和故障样本模式的变化角度识别了它们的相关性,进而完成故障模式识别。主要研究结论如下:

(1) 研究了动态故障模式识别方法的可行性,认为基于故障模式在不同因素影响下故障数量变化的识别方法更有可能得到有效的识别结果,避免了由于时间积累等原因造成的故障数量累计差别过大导致的识别错误。

(2) 给出了两种情况下的动态故障模式识别方法。在多种因素影响下,以单一因素对故障数量的影响为基础,借助特征函数研究样本模式的识别;以多因素联合作用下对故障数量的影响为基础,借助故障分布研究样本模式的识别。通过以上两种方法计算关联度和识别度,最终根据故障标准模式识别故障样本模式。

(3)给出一简单电气系统分析实例,实施了上述两种方法的识别模式,证明了动态故障模式识别方法的有效性。

第 4 章　网络中因素权重确定方法

安全科学及系统可靠性等方面的研究和应用已深入各行各业。目前,我国对于生产生活中的系统安全分析和评价的方法很多,比如安全检查表、预先危险分析、风险度分析、事件树和事故树、系统可靠性分析等。这些方法由于复杂程度和应用特点不同,因此有着不同的应用领域。就实际情况而言,安全检查表在工矿企业中最为常见,也是目前安全评价和安全检查最有效的方法。评价和检查的核心是安全检查表的建立和后期对检查数据的处理。安全检查表的编制具有明确的规范,编制相对容易,但对安全检查表的数据处理却很困难。这种困难来源于两个方面:一是评价数据的多样性造成后期算法复杂;二是评价体系本身结构导致的各因素关系不清。前者可通过数学方法处理,后者需要研究指标体系(指标系统)的网络结构确定层次结构和因素关系。前者的相关研究较多,已初见成效;后者的研究明显滞后,缺乏有效且简便的分析计算方法。

关于指标系统或评价体系中指标和因素的权重研究较多,在这些方法中,网络结构特征的因素权重确定普遍使用了复杂的数学方法。对于权重确定比较著名的方法是层次分析法(AHP)[1]和网络层次分析法(ANP)[2]。树形层状结构使用 AHP[147]确定因素权重,网络互连结构通过网络层次分析[148]确定。AHP是在 20 世纪 70 年代中期由美国运筹学家托马斯·塞蒂(T. L. Saaty)正式提出,并且在 20 世纪 90 年代他又提出了 ANP。这两种方法都是基于经验的比较矩阵,是一种主观分析方法。AHP 相对简单,但受限于网络结构;ANP 可应用于网络结构,但需要计算超矩阵,是非线性计算过程。这两种方法在快速响应的工程领域或者现场计算都较为困难。

因此,笔者针对具有网络特征的评价指标体系中因素权重计算,提出了一种具有层次结构和网络特征联系的因素权重确定方法——以入度表征因素受影响程度,以出度表征影响其他因素程度,以各因素的入度和出度为基础建立关系,由底向上确定各层因素权重。

4.1　网络结构指标系统的因素权重特征

系统具有普遍联系的结构,一般体现在系统中各部分的相互联系。对于系统安全及可靠性分析而言,必须先澄清组成系统的各事件之间的关系。实际上,在对系统进行安全及可靠性分析的方法中,通常使用的是评价指标体系。众所周知,对系统的安全分析,特别是安全等级的分析过程,至少涉及评价指标体系及其对应的算法,甚至算法完全取决于指标体系本身的结构和数据特征。因此,在进行安全评价工作之前,必须先确定指标体系。

指标体系是一种系统,具有系统的层次结构和相互联系性,但确定结构和联系性是最为困难的。这种困难一方面来源于对系统的了解和分析以及如何确定结构和联系;另一方面来源于对结构的计算以及如何确定各因素的权重。对于较为简单的、具有明显层次性的情况,可使用层次分析法(AHP),但必须满足两层因素之间没有交叉相关性的条件,即不构成网络结构。但指标系统中的不同层次的不同因素之间极可能存在交叉关系,进而形成具有网络结构的指标系统。当然,这种情况不包括具有循环结构的关系,通常在指标系统中不出现这种现象。对于具有明显层次结构且具有交叉关系的网络指标系统,可使用网络层次分析法(ANP)进行分析。ANP不仅可以处理多样性结构,还可以描述实际的复杂系统结构,并且能够更加客观地对复杂系统进行权重确定。但ANP的缺点也很突出,所以限制了其广泛应用。ANP的计算须解超矩阵,这是一种非常复杂的运算过程,一般通过专业软件实现,比如MATLAB。特别是当因素较多且关系复杂的情况下,其计算量呈非线性增加,因而在工程应用和快速分析的场合难以适用。

图4.1为某个指标体系系统。该指标系统有4层结构,T为系统的总目标,$a \sim e$是基本因素,中间经历两层过渡指标,然后达到总目标。从结构体系可知,使用AHP是不能分析的,也不易使用复杂的ANP进行分析。确定图4.1中各因素的权重可从两个角度实现:一是考虑各因素值在因素划分的各级别中出现的可能性,即基于出现概率的因素权重确定;二是只考虑指标系统结构的因素权重,即基于结构的因素权重确定。后者更为基础,而前者是基于后者的进一步分析。一般情况下,由于确定因素状态出现的概率较为困难,因此基于指标系统结构来确定因素权重更为方便。

本书建立一种较为简单、考虑具有层次结构和网络联系的因素权重确定方法,以网络结构中各节点的入度和出度为基础,以节点间联系为关系,自下而上

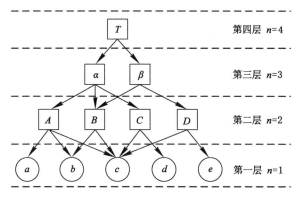

图 4.1　实例指标体系系统

地确定各层因素的权重。从结构来看,可使用该节点的入度和出度表示网络中各节点的相互影响。如果节点的入度较大,说明受影响程度较大;如果节点的出度较大,说明影响其他节点的程度较大。将评价指标中的因素看作节点,则入度和出度可表示不同层次结构中因素的相互影响关系,进而确定各层次各因素的权重。

4.2　定义及方法步骤

设备因素组成的指标评价系统为 $T = \{N, F, W\}$。N 表示系统的层次,$n = 1, \cdots, N$。第 n 层次的因素集合 $F_n = \{f_n^1, \cdots, f_n^{Q_n}\}$,$f_n^{q_n}$ 表示第 n 层次中第 q_n 个因素,$q_n = 1, \cdots, Q_n$。因此,对应的第 n 层次中所有因素的权重集合 $W_n = \{w_n^1, \cdots, w_n^{Q_n}\}$。

由于权重确定方法是自下而上的,根据相邻两层次中因素的入度和出度来确定下一层次中各因素的权重,进而逐次向上确定系统目标。设相邻两层次为 $n-1$ 层和 n 层,目标是确定 n 层次中各因素的权重。考虑两种情况:一是 $n-1$ 层中各因素的出度权重相同且和为 1;二是 $n-1$ 层中各因素的出度权重不同且和为 1。

首先,研究各因素的出度权重相同且和为 1 的情况。如果设第 $n-1$ 层中各因素出度集合为 $O_{n-1} = \{o_{n-1}^1, \cdots, o_{n-1}^{Q_{n-1}}\}$,那么根据等权重设定,第 $n-1$ 层中各因素出度权重集合为 $WO_{n-1} = \{wo_{n-1}^1, \cdots, wo_{n-1}^{Q_{n-1}}\} = \{1/o_{n-1}^1, \cdots, 1/o_{n-1}^{Q_{n-1}}\}$。对于第 n 层的入度,如果设各因素的入度集合为 $I_n = \{i_n^1, \cdots, i_n^{Q_n}\}$,那么各因素的入度

权重集合为$WI_n = \{wi_n^1, \cdots, wi_n^{Q_n}\}$，$wi_n^{q_n} = i_n^{q_n} \sum\limits_{\forall q_{n-1} \in (f_{n-1} \rightarrow f_n)} wo_{n-1}^{q_{n-1}}$，$q_n = 1, \cdots, Q_n$，$q_{n-1} = 1, \cdots, Q_{n-1}$，$\forall q_{n-1} \in (f_{n-1} \rightarrow f_n)$ 表示两层间因素存在的任何联系。因此，第 n 层中各因素的归一化权重集合 $W_n = \{w_n^1, \cdots, w_n^{Q_n}\}$，$w_n^{q_n} = wi_n^{q_n} / \sum wi_n^{q_n}$，$q_n = 1, \cdots, Q_n$。

其次，当因素的出度权重不相同且和为 1 时，与上述过程类似，只是在 $WO_{n-1} = \{wo_{n-1}^1, \cdots, wo_{n-1}^{Q_{n-1}}\}$ 中，$wo_{n-1}^{q_{n-1}} = \{wo_{(n-1) \rightarrow n}^{q_{n-1} \rightarrow q_n} \mid \forall (q_{n-1} \rightarrow q_n) \in (f_{n-1} \rightarrow f_n)\}$，即 f_{n-1} 出度与 f_n 对应的入度存在的任何联系关系，尽管它们的权重和为 1，但各不相同。具体的确定方法可使用简单的层次分析或其他方法确定，且后续过程与权重相同时的确定方法相同。

4.3　实例分析

针对图 4.1 给出的指标系统的网络结构，使用上述分析方法计算的过程如下：

设系统 $T = \{N, F, W\}$。$N = 4$，$F_1 = \{a, b, c, d, e\}$，$F_2 = \{A, B, C, D\}$，$F_3 = \{\alpha, \beta\}$，$F_4 = \{T\}$。以第 1 层和第 2 层为例，在等权重情况下，计算第 1 层中各因素的权重。

由图 4.1 可知，如果第 2 层各因素出度集合 $O_2 = \{3, 2, 2, 2\}$，那么第 2 层各因素的出度权重集合 $WO_2 = \{1/3, 1/2, 1/2, 1/2\}$，第 1 层各因素的入度集合 $I_1 = \{1, 2, 4, 1, 1\}$。因此，对于存在的任何第 2 层和第 1 层的因素关系如下：

$wi_1^1 = i_1^1 \times wo_2^1 = 1 \times 1/3 = 0.333$；

$wi_1^2 = i_1^2 \times (wo_2^1 + wo_2^2) = 2 \times (1/3 + 1/2) = 1.667$；

$wi_1^3 = i_1^3 \times (wo_2^1 + wo_2^2 + wo_2^3 + wo_2^4) = 4 \times (1/3 + 1/2 + 1/2 + 1/2) = 7.333$；

$wi_1^4 = i_1^4 \times wo_2^3 = 1 \times 1/2 = 0.5$；

$wi_1^5 = i_1^5 \times wo_2^4 = 1 \times 1/2 = 0.5$。

最终第 1 层中各因素的归一化权重集合 $W_1 = \{0.032\,2, 0.161\,3, 0.709\,7, 0.048\,4, 0.048\,4\}$。

考虑到第 3 层与第 2 层的关系，同样可以得到：

$wi_2^1 = i_2^1 \times wo_3^1 = 1 \times 1/3 = 0.333$；

$wi_2^2 = i_2^2 \times (wo_3^1 + wo_3^2) = 2 \times (1/3 + 1/2) = 1.667$；

$wi_2^3 = i_2^3 \times wo_3^1 = 1 \times 1/3 = 0.333$；

$wi_2^4 = i_2^4 \times wo_3^2 = 1 \times 1/3 = 0.333$。

最终第 2 层中各因素的归一化权重集合 $W_2 = \{0.117\,5, 0.588\,4, 0.117\,5,$ $0.176\,5\}$。同理，第三层中各因素的归一化权重集合 $W_3 = \{0.5, 0.5\}$。

最终获得各层各因素的权重如表 4.1 所列。

表 4.1　各层各因素的权重

层次	第四层					第三层				第二层		第一层
因素	a	b	c	d	e	A	B	C	D	α	β	T
层级	1	1	1	1	1	2	2	2	2	3	3	4
入度	1	2	4	1	1	1	2	1	1	1	1	0
出度	0	0	0	0	0	1/3	1/2	1/2	1/2	1/3	1/2	1/2
权重	0.032 2	0.161 3	0.709 7	0.048 4	0.048 4	0.117 5	0.588 4	0.117 5	0.176 5	0.5	0.5	1

从上述过程和表 4.1 可知，该方法是自下而上、逐次向上层计算得到的各层各因素的权重。该方法的特点：考虑了指标系统中的网络结构和各因素之间的相互影响特征，即基于入度和出度进行的权重计算分析。较原有的 ANP 而言，这是一种线性分析方法，无须计算超矩阵，也无须求超矩阵的极限，更为快捷有效，适合现场计算。若考虑实际数据和专家打分，使用 AHP 或者熵权法等，可得到因素的不同出度权重。当考虑出度权重不同时，由于上层因素对下层各因素的影响作用程度不同，可小幅改动上述过程并完成该计算，这将实现从结构和经验数据两个方面确定因素权重。由于 AHP 等确定权重较为简单，这里不再给出方法过程。

另外，当考虑因素具体值划分的不同等级时，应考虑该因素在不同等级的存在概率。该概率将影响因素之间相互作用的可能性，这种影响程度和计算方法有待进一步研究。

4.4　本章小结

考虑到指标系统的结构特征，本章提出了一种因素权重确定方法。本章主要研究结论如下：

（1）论述了具有网络结构的指标中因素之间的特征和权重关系，建立了一种具有层次结构和网络特征联系的因素权重确定方法。以网络结构中各因素的入度和出度为基础建立关系，自下而上地确定各层因素的权重。本书认为，入度可表征因素受影响程度，出度可表征影响其他因素的程度，进而确定各层次各因素的权重。

（2）给出了权重确定方法的定义和步骤，定义了指标评价系统。由于是自下而上逐层确定的，所以只给出了相邻两层中下层各因素权重的确定步骤。根据上层因素出度权重是否相同，可分为两种方法：一是该因素出度权重相同且和为1；二是出度权重不同且和为1。一方面，两种方法展示了前者的定义和过程；另一方面，后者的计算过程可通过前者加以改动完成。

（3）论述了网络因素权重确定方法的特点。该方法考虑了指标系统中的网络结构和各因素之间的相互影响特征，即基于入度和出度进行分析。较 ANP 而言，该方法是线性分析，无须计算超矩阵及超矩阵极限。若考虑实际数据和专家打分，使用 AHP 或者熵权法等，可得到上层因素的不同出度权重，进而实现从结构和经验数据两个方面确定下层各因素权重的目的。

第5章　因素主客观权重确定方法

在系统进行安全分析过程中,有很大一部分是通过指标与分析方法实现的。指标可理解为影响系统安全、使系统发生故障的因素。分析工作主要是结合因素数值以及因素重要性权重配合相应算法进行的。这些因素之间存在着结构性联系,通常包括树形层状结构和网络互连结构。一方面,对于一些分析方法需要确定这些因素在整个系统中的权重;另一方面,在资源和技术允许的情况下,希望通过大量数据与因素作用导致系统故障的情况来判断因素权重,以实现客观分析。实际情况则是,人们难以完全抛开主观或客观分析得到的因素权重来研究系统故障。在系统发展的不同阶段和不同方面,人们既难以完全客观地了解全部数据和因素,也难以主观地通过经验和知识进行因素权重分析。因此,如何利用主客观分析方法综合性地确定影响系统故障的因素权重将成为关键问题。

目前,关于主客观分析方法已有一些报道,在各自领域取得了较好效果,对利用主客观分析方法确定影响系统故障的因素权重具有重要借鉴意义。为了实现系统故障影响因素的主客观综合权重确定,本章提出使用 AHP 确定主观权重、空间故障树确定客观权重以及博弈方法确定主客观综合权重的方法。本章还将给出该方法的基本步骤和说明,并通过实例研究某电气元件受不同因素影响发生故障时各因素的综合权重。

5.1　主客观分析与基本方法

主客观分析方法存在于各种系统分析过程之中。一般认为,客观分析方法以数据为基础,而主观分析方法以人的经验为主。

客观分析方法是对系统已表现出来的数据特征进行处理,分析系统在不同因素作用下出现的数据特征。新出现的因素或因素变化都可能导致新数据种类的出现或已有数据的变化。其优点是以数据事实或信息为基础,从数据特征反映系统特征,是系统客观的表现;缺点是分析之前需要确定所有因素和所有数据,但这难以实现。文献[149]指出,由于技术和方法论的限制,因素和数据可能无法感知;可感知时可能与系统分析目标不相关;相关时可能无法控制因素改变数据。因此,客观分析方法受到客观技术和主观思维的约束。

主观分析方法是基于人对系统表现特征的了解或人的知识。系统在客观世界内运行,人在被分析系统之外,因而人是通过因素变化和数据变化来了解系统特征进而分析。在此之前,人需要经验和知识,这也是通过因素和数据变化的对应关系实现的。经验是人通过对系统操作改变因素,观察数据变化而对系统结构特征的了解;知识是抽象为简单对应关系的系统结构特征。其优点是基于经验,具有较强的宏观性,不受数据限制,直接使用人已有知识;缺点是对影响系统因素的调控只能通过人现有的能力,数据获取也受限于人的感官。因此,主观分析方法受限于人的知识和客观技术。

例如,时间与交通事故的关系。主观分析对于人的经验而言,给出的信息是6:00至20:00在某路段交通事故较多,这是基于人的日常经验而定的,依此得到的因素是时间和地点与交通事故数量的关系。客观分析基于具体数据,依此得到的因素是车辆数、道路宽度、行车速度等与交通事故数量的关系。主客观分析各有特点,应综合考虑对系统进行有效分析。客观分析需要尽可能多的、可以获得的具体数据和因素,主观分析借助人的经验综合考虑更宏观的因素与数据关系。当然,主客观分析也面临着数据冗余及错误、高维数据信息、因素相关性等一系列问题。

当然,对于系统不同层级和侧面分析的侧重也不同。根据系统运动空间与系统映射论的观点,人对系统的了解永远无法达到完全状态[149]。人在深入了解系统后必将发现更深层级的结构,这时人将面对全新的系统特征。当人充分了解系统某层级结构时,通常采用客观分析;当人进入下一个全新层级、了解不足时,主要凭借主观分析。因此,对于一个系统而言,主客观分析一般应同时存在,只是在系统不同层级和侧面分析时主导地位不同。

基于上述分析,下面提出一种主客观综合的系统故障影响因素权重分析方法:使用 AHP 确定因素主观权重,使用 SFT 理论确定因素客观权重,使用博弈论确定综合权重。

5.2　因素主客观综合权重确定方法

前文论述了对系统分析时需要主客观分析同时参与的原因,下面提出系统故障影响因素的主客观综合权重确定方法,并且给出基本流程和解释说明。

(1) 熟悉系统 T 并确定影响系统故障的因素,组成因素集 $F = \{f_1, f_2, \cdots, f_N\}, n = 1, 2, \cdots, N$。

(2) 确定各因素的变化范围 $D = \{d(f_1) = [f_{1a}, f_{1b}], \cdots, d(f_N) = [f_{Na}, f_{Nb}]\}$,组成研究域 $A = d(f_1) \bigcap \cdots \bigcap d(f_N)$。

系统故障的分析是基于影响因素条件下的分析,需要确定各种影响因素的范围,这样所得结果才具有针对性。

(3) 根据 AHP 确定系统 T 在研究域 A 内各因素对 T 的影响,形成比较矩阵,最终确定主观权重 $W_z = \{w_{z1}, \cdots, w_{zN}\}$。AHP 相关过程和方法参见文献[1],这里不做赘述。

(4) 确定系统 T 组成的基本部分或元件 $X = \{x_1, \cdots, x_M\}, m = 1, \cdots, M$。根据 SFT 结构化简方法[14],我们得到系统最简结构式 $\Phi(x_1, \cdots, x_M) = \sum \prod x_m$, $x_m \in X$。

(5) 对于元件 $x_m \in X$,确定它分别对于因素 $f_1, f_2, \cdots, f_N$ 的特征函数 $P_m^{f_n}(\text{value}(f_n))$[14],其中 value( ) 表示因素的具体值。

(6) 根据 SFT 的因素对元件故障作用逻辑关系,给出综合所有因素影响的元件故障概率分布,如式(5.1)所列:

$$P_m(f_1, f_2, \cdots, f_N) = 1 - \prod_{n=1}^{N} (1 - P_m^{f_n}(\text{value}(f_n))) \qquad (5.1)$$

(7) 根据系统最简结构 $\Phi(x_1, \cdots, x_M)$,将 x_m 之间的定性关系转化为 $P_m(f_1, f_2, \cdots, f_N)$ 之间的定量关系,形成系统故障概率分布 $P_T(f_1, f_2, \cdots, f_N)$,如式(5.2)所列:

$$P_T(f_1, f_2, \cdots, f_N) = \coprod \prod P_m(f_1, f_2, \cdots, f_N) \qquad (5.2)$$

式中　$\prod$ —— 逻辑积;

　　　$\coprod$ —— 逻辑和。

(8) 分别对系统故障概率分布 $P_T(f_1, f_2, \cdots, f_N)$ 就不同因素在 A 内求导,

获得系统对因素 f_n 的故障概率变化分布 $\mathrm{d}P_T^{f_n}$，如式(5.3)所列：

$$\mathrm{d}P_T^{f_n}(f_1, f_2, \cdots, f_N) = \frac{\partial P_T(f_1, f_2, \cdots, f_N)}{\partial f_n}$$

$$= \frac{\partial \coprod \prod P_m(f_1, f_2, \cdots, f_N)}{\partial f_n}, \quad f_n \in F \quad (5.3)$$

(9)对故障概率变化分布 $\mathrm{d}P_T^{f_n}$ 在 A 内积分，积分范围 $D = \{d(f_1) = [f_{1_a}, f_{1_b}], \cdots, d(f_N) = [f_{N_a}, f_{N_b}]\}$，得到因素 f_n 在 A 内对于 T 的影响程度，即客观权重 $\boldsymbol{W_k}' = \{w_{k1}', \cdots, w_{kN}'\}$，如式(5.4)所列。同时，进行归一化得到 $\boldsymbol{W_k} = \{w_{k1}, \cdots, w_{kN}\}$。

$$w_{k1}' = \int_{f_{1a}}^{f_{1b}} \cdots \int_{f_{Na}}^{f_{Nb}} \frac{\left| \partial C \prod P_m(f_1, f_2, \cdots, f_N) \right|}{\partial f_n} \mathrm{d}f_1 \cdots \mathrm{d}f_N \quad (5.4)$$

(10)组成主客观综合权重向量 $\boldsymbol{W} = [\boldsymbol{W_z} \quad \boldsymbol{W_k}]$，随机线性组合权重向量如式(5.5)所列：

$$\boldsymbol{W} = \alpha_z \boldsymbol{W_z} + \alpha_k \boldsymbol{W_k} \quad (5.5)$$

式中 α_z, α_k —— 主观权重和客观权重的系数。

(11)根据博弈论，博弈过程的均衡通过对 α_z 和 α_k 的优化实现，如式(5.6)所列；转化为线性方程，如式(5.7)所列：

$$\min \left\| \sum_{j \in \{z, k\}} \alpha_j W_j - W_i \right\|, (i \in \{z, k\}) \quad (5.6)$$

$$\begin{bmatrix} \boldsymbol{W_z}(\boldsymbol{W_z})^{\mathrm{T}} & \boldsymbol{W_z}(\boldsymbol{W_k})^{\mathrm{T}} \\ \boldsymbol{W_k}(\boldsymbol{W_z})^{\mathrm{T}} & \boldsymbol{W_k}(\boldsymbol{W_k})^{\mathrm{T}} \end{bmatrix} \begin{bmatrix} \alpha_z \\ \alpha_k \end{bmatrix} = \begin{bmatrix} \boldsymbol{W_z}(\boldsymbol{W_z})^{\mathrm{T}} \\ \boldsymbol{W_k}(\boldsymbol{W_k})^{\mathrm{T}} \end{bmatrix} \quad (5.7)$$

(12)将 α_z 和 α_k 归一化，如式(5.8)所列；得到组合权重，即主客观综合权重向量 $\boldsymbol{W}$，如式(5.9)所列：

$$\alpha_z^{\Delta} / \alpha_y^{\Delta} = \frac{\alpha_z / \alpha_y}{\alpha_z + \alpha_y} \quad (5.8)$$

$$\boldsymbol{W} = \alpha_z^{\Delta}(\boldsymbol{W_z})^{\mathrm{T}} + \alpha_y^{\Delta}(\boldsymbol{W_y})^{\mathrm{T}} \quad (5.9)$$

最终得到对于系统 T 在研究区域 A 内各因素对 T 影响的主客观综合权重。进一步地，根据 $\boldsymbol{W}$、$\boldsymbol{W_z}$ 和 $\boldsymbol{W_k}$ 对影响因素进行排序，如果因素的 $\boldsymbol{W}$ 排序与 $\boldsymbol{W_z}$ 排序相同，说明 $\boldsymbol{W_z}$ 在分析过程起主导作用，且对系统的该层级和侧面了解不足，缺乏数据；如果因素的 $\boldsymbol{W}$ 排序与 $\boldsymbol{W_k}$ 排序相同，说明 $\boldsymbol{W_k}$ 在分析过程中起主导作用，且对系统的该层级和侧面有大量数据和充分了解。

5.3　实例分析

SFT 经典研究实例是一个电气系统,参见文献[14]。由于该电气系统在因素变化影响下的故障概率变化较为复杂,需要对故障概率分布进行划分,以保证子区域可导。然而,方法对于系统故障概率分布和元件故障概率分布的处理在本质上并无区别,主要是根据 5.2 节的步骤(7),由元件故障概率分布叠加形成系统故障概率分布。因此,这里针对一个元件 x_1 进行分析,以求简化过程突出方法。

根据已有研究成果[150],该系统中元件 x_1 的故障概率对于使用时间 t(简称时间)、温度 c 和相对湿度 h 敏感。根据 5.2 节的步骤(1),设 $F=\{f_1=t,f_2=c,f_3=h\},N=3$。

步骤(2)各因素的变化范围 $D=\{d(t)=[0,100\ \mathrm{d}],d(c)=[0\ ℃,50\ ℃],d(h)=[0,100\%]\}$,组成研究域 $A=[0,100\%]\ \mathrm{d}\bigcap[0\ ℃,50\ ℃]\bigcap[0,100\%]$。

5.2 节的步骤(3)根据 10 位操作者的比选投票,就各因素对该元件故障影响的重要性比较,表 5.1 比较矩阵形式胜出。AHP 确定 x_1 在研究域 A 内各因素对其影响的权重。

表 5.1　比较矩阵

	t	c	h
t	1	1/2	1/2
c	2	1	1/2
h	2	2	1

该比较矩阵的 CI$=0.026\ 8$,CR$=0.046\ 2<0.10$,确定主观权重 $W_z=\{w_{z1}=0.195\ 8,w_{z2}=0.310\ 8,w_{z2}=0.493\ 4\}$。

根据 5.2 节的步骤(4),由于只研究一个元件 x_1,因此不需要分析系统最简结构式。

根据 5.2 节的步骤(5),元件 x_1 对于因素 t、c 和 h 的特征函数分别如式(5.10)、式(5.11)和式(5.12)所列。对应的曲线图如图 5.1 所示。

$$P_1^t(t)=7.92\times10^{-5}t^2+10^{-6}t \tag{5.10}$$

$$P_1^c(c)=1-\mathrm{e}^{\frac{-(c-20)^2}{2\times10^2}} \tag{5.11}$$

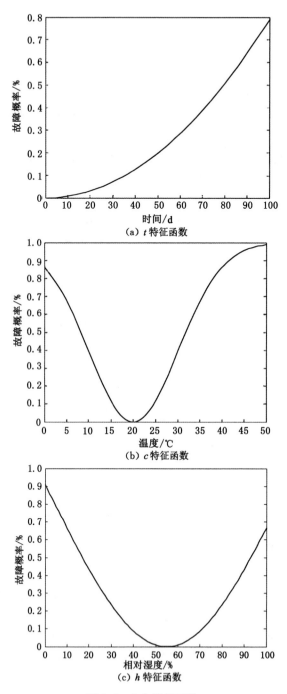

图 5.1 3 个特征函数

$$P_1^h(h) = -2\mathrm{e}^{\frac{-(h-55)^2}{2\times 50^2}} \tag{5.12}$$

基于 5.2 节的步骤(6)，根据 3 个因素对 x_1 故障作用逻辑关系，元件 x_1 的故障概率分布，如式(5.13)所列：

$$P_1(t,c,h) = 1-(1-P_1^t(t))\times(1-P_1^c(t))\times(1-P_1^h(t))$$
$$= 1-(1-7.92\times 10^{-5}t^2-10^{-6}t)\times \mathrm{e}^{\frac{-(c-20)^2}{2\times 10^2}}\times(1+2\mathrm{e}^{\frac{-(h-55)^2}{2\times 50^2}})$$

$$\tag{5.13}$$

描述因素 t、c 和 h 对故障概率的影响，将因素作为坐标轴，x_1 的故障概率分布作为曲面值得到了四维曲面，如图 5.2 所示。

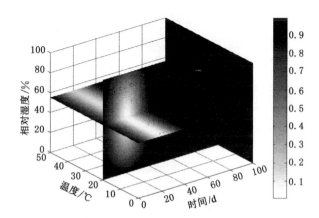

图 5.2 x_1 的故障概率分布

下面对四维曲面进行切片。切片 t 平面为故障率最大位置($t=100$ d)，如图 5.1(a)所示；切片 c 平面为故障率最小位置($c=20$ ℃)，如图 5.1(b)所示；切片 h 平面为故障率最小位置($h=55\%$)，如图 5.1(c)所示。

根据 5.2 节的步骤(7)，由于只有一个元件 x_1，那么 $P_T(f_1,f_2,\cdots,f_N)=P_1(t,c,h)$。

根据 5.2 节的步骤(8)，分别对 $P_1(t,c,h)$ 就不同因素在 A 内求导，获得各因素的故障概率变化分布 $\mathrm{d}P_1^t(t,c,h)$、$\mathrm{d}P_1^c(t,c,h)$、$\mathrm{d}P_1^h(t,c,h)$。由于求导式较长，这里不给出，可使用 MATLAB 获得。同样使用四维空间表示故障概率变化分布，如图 5.3 所示。

根据 5.2 节的步骤(9)，对 $\mathrm{d}P_1^t(t,c,h)$、$\mathrm{d}P_1^c(t,c,h)$、$\mathrm{d}P_1^h(t,c,h)$ 在 A 内积分，定值积分范围为 D，得到积分结果如式(5.14)所列：

$$w_{k1}{}' = \int_0^{100}\int_0^{50}\int_0^{100}|\mathrm{d}P_1^t(t,c,h)|\,\mathrm{d}h\mathrm{d}c\mathrm{d}t = 350.931\,7$$

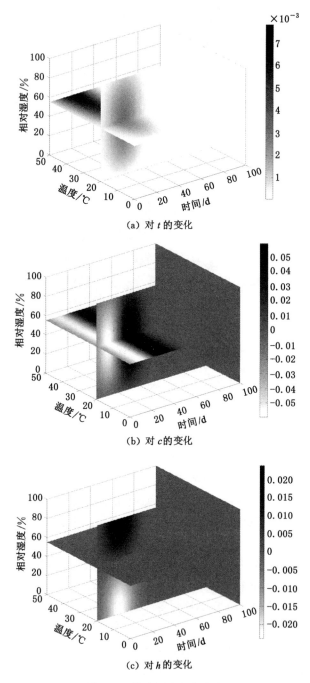

（a）对 t 的变化

（b）对 c 的变化

（c）对 h 的变化

图 5.3　故障概率变化分布

$$w_{k2}' = \int_0^{100} \int_0^{50} \int_0^{100} |\mathrm{d}P_1^c(t,c,h)| \, \mathrm{d}h\mathrm{d}c\mathrm{d}t = 6\,316.4$$

$$w_{k3}' = \int_0^{100} \int_0^{50} \int_0^{100} |\mathrm{d}P_1^h(t,c,h)| \, \mathrm{d}h\mathrm{d}c\mathrm{d}t = 1\,868 \tag{5.14}$$

进一步归一化得到客观权重 $\boldsymbol{W}_k = \{0.041\,1, 0.740\,0, 0.218\,9\}$。

根据 5.2 节的步骤(10),主客观综合权重向量 $\boldsymbol{W} = [\boldsymbol{W}_z \quad \boldsymbol{W}_k]$,$\boldsymbol{W}_z = \{0.195\,8, 0.310\,8, 0.493\,4\}$,$\boldsymbol{W}_k = \{0.041\,1, 0.740\,0, 0.218\,9\}$,设随机线性组合主客观综合权重向量为

$$\boldsymbol{W} = \alpha_z \boldsymbol{W}_z + \alpha_k \boldsymbol{W}_k。$$

基于 5.2 节的步骤(11),根据博弈论所得线性方程,如式(5.7)所列,解得 $\alpha_z = 0.182$,$\alpha_k = 0.894$,则:

$$\begin{bmatrix} 0.378\,4 & 0.346\,0 \\ 0.346\,0 & 0.597\,2 \end{bmatrix} \begin{bmatrix} \alpha_z \\ \alpha_k \end{bmatrix} = \begin{bmatrix} 0.378\,4 \\ 0.597\,2 \end{bmatrix} \tag{5.15}$$

根据 5.2 节的步骤(12),归一化得到主客观权重向量系数分别为 $\alpha_z^\Delta = 0.169\,1$,$\alpha_k^\Delta = 0.830\,9$,那么主客观综合权重向量 $\boldsymbol{W}$,如式(5.16)所列:

$$\boldsymbol{W} = 0.169\,1 \times \begin{bmatrix} 0.195\,8 \\ 0.310\,8 \\ 0.493\,4 \end{bmatrix} + 0.830\,9 \times \begin{bmatrix} 0.041\,1 \\ 0.740\,0 \\ 0.218\,9 \end{bmatrix} = \begin{bmatrix} 0.067\,3 \\ 0.667\,4 \\ 0.265\,3 \end{bmatrix} \tag{5.16}$$

通过上述实例过程,我们得到了影响系统故障的各因素权重。主观权重由大到小的排序为:相对湿度>温度>时间;客观权重由大到小的排序为:温度>相对湿度>时间,主客观综合权重由大到小的排序为:温度>相对湿度>时间。针对时间、温度和湿度因素影响系统故障的情况层级进行分析,客观权重的因素排序与主客观综合权重的排序相同,说明客观权重起主导作用且对系统故障特征了解充分。

通过博弈方法确定主客观综合权重是有效的,避免了客观权重缺乏宏观性和主观权重缺乏数据的问题;同时,由于主客观分析方法都受到客观技术条件和主观经验知识的影响,不能完全反映系统故障与各因素作用特征。更深层次的原因是人在资源和技术限制下对系统不同层级和侧面的了解总是不断深入的,难以只通过主观或客观分析方法确定。二者总是随着认识系统层级的深入交织在一起,只是主导作用交替变化,形成主观与客观的博弈过程。因此,结合 AHP 和 SFT,通过博弈确定影响系统故障的主客观综合权重是可行且有效的。

5.4　本章小结

本章对系统故障影响因素的主客观综合权重确定方法进行了研究,以 AHP 确定主观权重,以 SFT 确定客观权重,以博弈方法确定主客观综合权重。本章主要研究结论如下:

(1)论述了主客观分析的特点和关系。客观分析对系统已表现出来的数据特征进行处理,分析系统在不同因素作用下表现的数据特征。其优点是以数据事实或信息为基础反映系统特征;缺点是需要确定所有因素和所有数据。主观分析是基于人对系统特征的了解或人的知识。其优点是具有较强的宏观性不受数据限制;缺点是对影响因素感知和调控只能通过人现有的能力和感官来进行。对于系统而言,主客观分析一般应同时存在,只是不同阶段和侧面的主导地位不同。

(2)提出了因素主客观综合权重确定方法。具体步骤包括:熟悉系统并确定影响因素;确定各因素变化范围组成研究域;使用 AHP 确定主观权重;确定系统基本部分或元件得到系统最简结构式;确定元件对各因素的特征函数;构造元件故障概率分布;形成系统故障概率分布;对系统故障概率分布就不同因素求导获得概率变化分布;对故障概率变化分布在研究域内积分得到客观权重并归一化;组成主客观综合权重向量;根据博弈论方法转化为线性方程;最终得到因素的主客观综合权重。

(3)通过实例分析介绍了综合权重确定方法的计算过程,得到了实例系统故障的各影响因素权重;同时,对该电气系统的故障与影响因素情况进行了分析。影响因素包括使用时间、温度和相对湿度。主观权重由大到小的排序为:相对湿度>温度>时间;客观权重由大到小的排序为:温度>相对湿度>时间,主客观综合权重由大到小的排序为:温度>相对湿度>时间。可见,在分析过程中,客观权重起主导作用,说明对系统的该层级特征了解充分。

第 6 章　故障抑制措施成本效益分析

系统是完成预定目标而建立的有特定组织结构的整体,其目的是完成预定功能。但由于理论和技术的限制,在运行过程中,系统完成预定功能的可靠性必然是变化的。这种变化在本质上是系统内部结构和元件受到外界因素影响所产生响应。因素变化不仅导致响应变化,还导致元件功能变化,最终导致系统可靠性发生变化。系统进入使用阶段后,所面临的问题转变为如何保障系统按照预定功能执行任务,即如何保障系统可靠性。进一步地,保障系统可靠性的措施与系统发生故障带来的损失关系如何确定,这是科研人员需要面对的又一问题。抑制系统故障的方法很多,其选择依据应是措施成本与系统发生故障造成损失的比较。但在研究这些问题之前,人们必须清楚系统故障过程及其影响因素。

尽管关于系统故障抑制和措施成本效益的研究报道相对较少,但这些研究针对具体领域取得了良好的效果。然而,这些研究报道对系统的具体故障过程研究并不清晰,不能形成系统层面的模型和方法来描述系统故障过程。因此,人们难以从系统过程特征中找到抑制故障的措施,更难以分析措施带来的效益。考虑到上述问题,基于 SFEP 概念,我们使用 SFN 描述 SFEP。一方面,从网络结构上制定抑制故障发生的措施;另一方面,考虑措施成本和系统故障损失建立分析方法,从而给出各抑制措施带来的效益。

6.1　系统故障演化过程与空间故障网络

在图 6.1(a)中,点代表事件,有向线段代表因果关系,或者称为传递。在不引起歧义的情况下,我们在 SFN 中仍使用事件和传递的概念,代替点和有向线段。$e_{1\sim5}$ 表示 SFEP 的开始原因,称为边缘事件;$E_{1\sim4}$ 是中间事件;T 是 SFEP 的

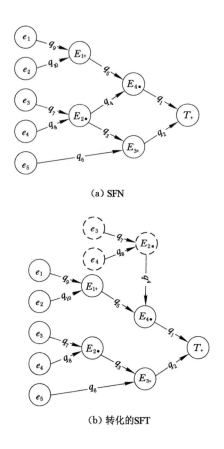

（a）SFN

（b）转化的SFT

图 6.1　SFN 及转化的空间故障树

最终结果,称为最终事件;$q_{1\sim10}$是传递概率(传递),箭头方向为传递方向,即由原因事件指向结果事件。事件符号下角标"+""·"分别表示导致其发生的原因事件之间的"或""与"逻辑关系。SFN 一般具有 3 种结构:不具有环状结构的是一般结构;具有环状结构且传递方向不同的是多向环结构;具有环状结构且传递方向统一的是单向环结构。例如,图 6.1(a)具有多向环结构。

　　SFN 的研究方法之一就是将其转化为 SFT。因为 SFT 已有研究基础,转化后可解决大部分研究方法,避免重复开发。图 6.1(b)就是转化后的 SFT,不同之处在于,虚线圆代表的事件为同位事件。同位事件与被同位事件代表的事件相同,它们的表示是相互的,具有对称性。在将多向环拆解为树形结构时,需要填补共同原因事件的逻辑位置,以满足树形结构要求。SFN 转化为 SFT 的方法见文献[54,132-133,143],这里不再赘述。

这里,SFN 借助 SFT 进行表示。对于图 6.1(b)的 SFT,我们使用结构化简方法[14]即可得到该 SFT 的结构函数[5],比如 $T = e_3q_7e_4q_8q_4e_1q_9q_5q_1 + e_3q_7e_4q_8q_4e_2q_{10}q_5q_1 + e_3q_7e_4q_8q_3q_2 + e_5q_6q_2$。一般来说,结构函数可表示 SFN 的故障模式和结构关系;同时,将 e 用边缘事件发生概率代替,将 q 用传递概率代替,则可计算出最终事件发生概率。SFN 的结构函数如式(6.1)所列:

$$T = \sum_{n=1}^{N}(\prod_{i=1}^{I} q_i \prod_{j=1}^{J} e_j) \tag{6.1}$$

式中　　N——T 中的项数;

$\quad\quad I$—— 某项中传递概率数;

$\quad\quad J$—— 该项中边缘事件个数。

如式(6.1)所列,当 $N = 4$ 时,表示导致 SFEP 发生最终事件有 4 条路径,或者称为 4 种故障模式;第一项为 $e_3q_7e_4q_8q_4e_1q_9q_5q_1$,$I = 6$;$J = 3$。$N$ 越大,表示 SFEP 越复杂,越难以控制;I 越大,表示演化经历的过程越多;J 越大,表示演化的起始原因越复杂。就最终事件发生概率而言,N 越大,发生概率越大;I 和 J 越大,发生概率越小。更为具体的性质参见文献[54,132-133,143]。需要特别说明的是,式(6.1)只是一个近似等式。由于事件和传递的发生概率远小于 1,因此取首项即为式(6.1)。

SFN 结构函数可以完全表示 SFEP 的原因事件、过程、传递概率、事件间逻辑关系。在表示结构的同时,SFN 结构函数也可以在各种情况下计算出最终事件发生概率。

6.2　系统故障预防措施成本与效益分析方法

在系统结构函数的基础上,下面介绍一种系统故障成本效益分析方法,用于系统故障抑制措施的成本效益分析。由于 SFEP 是一种故障过程发展的网络结构,可用 SFN 表示,并且 SFN 的组成是节点和有向线段,因此控制 SFN 中的节点和有向线段是控制系统发生最终故障的基本方法。具体可在 SFN 结构上删除某个节点或有向线段,或者删除多个节点,或者删除有向线段,或者同时删除。具体方法如下:

假设:导致 SFEP 发生的边缘事件始终存在,在采取抑制措施后,SFEP 仍然可以发展为最终事件。

(1)确定或设定 SFN 中所有边缘事件发生概率和传递概率,形成边缘事件发生概率集合 $E = \{e_1, \cdots, e_Q\}$,Q 为边缘事件数;传递概率集合 $P = \{p_1, \cdots,$

p_X),X 为传递数;过程事件 $PE = \{E_1, \cdots, E_M\}$,$M$ 为过程事件。

(2) 确定或设定 SFN 发生最终事件的损失 ST,抑制各过程事件的成本 $SE = \{sE_1, \cdots, sE_M\}$ 和抑制各传递的成本 $SQ = \{sp_1, \cdots, sp_X\}$。

(3) 在原 SFN 基础上,依次去掉过程事件和传递,形成抑制后的 SFN_{sEm} 或 SFN_{spx},$x = 1 \sim X$,$m = 1 \sim M$。

(4) 计算形成的所有 SFN_{sEm} 和 SFN_{spx} 的结构函数 T_{sEm} 和 T_{spx}。

(5) 将相同结构的结构函数 T_{sEm} 和 T_{spx} 分类,T_0 表示未抑制的 SFN 结构函数;T_i 是抑制后 SFN 的结构函数,$i = 1 \sim L$,L 是 T_{sEm} 和 T_{spx} 分类数。

(6) 将 E 和 P 中元素对应代入 T_0 和 $T_{1 \sim L}$ 计算系统最终事件发生概率。

(7) 计算抑制措施带来的效益。原系统最终事件发生概率与抑制事件和传递后系统最终事件发生概率的差值,可以系统最终事件损失,再减去该抑制措施的成本,即该抑制措施产生的效益,如式(6.2)所列:

$$\text{Benefit}(E_m \text{ or } p_x) = (T_0 - T_i) \times ST - sE_m \text{ or } sp_x \qquad (6.2)$$

式中,Benefit( ) 表示效益函数;E_m or p_x 表示 SFN 中抑制的第 m 个过程事件或第 x 个传递;sE_m or sp_x 是与 E_m or p_x 对应的抑制成本。

上述步骤建立了基于 SFN 的系统故障抑制措施成本效益分析方法。

6.3　实　例　分　析

以图 6.1 为例,执行 6.2 节所述步骤,下面说明算法过程。

(1) 根据图 6.1(a) 的 SFN 转化为图 6.1(b) 的 SFT,设集合 $E = \{e_1 = 0.01, e_2 = 0.05, e_3 = 0.08, e_4 = 0.02, e_5 = 0.06\}$,共有 5 个边缘事件;集合 $P = \{p_1 = 0.001, p_2 = 0.001\,5, p_3 = 0.002, p_4 = 0.000\,1, p_5 = 0.002\,1, p_6 = 0.001\,4, p_7 = 0.008, p_8 = 0.000\,9, p_9 = 0.000\,8, p_{10} = 0.000\,2\}$,共有 10 个传递概率;$PE = \{E_1, E_2, E_3, E_4\}$,共有 4 个过程事件。

(2) 设定 SFN 的最终事件损失 $ST = 10\,000$,抑制各过程事件的成本 $SE = \{sE_1 = 100, sE_2 = 150, sE_3 = 180, sE_4 = 210\}$ 和抑制各传递的成本 $SQ = \{sp_1 = 14, sp_2 = 15, sp_3 = 5, sp_4 = 13, sp_5 = 26, sp_6 = 37, sp_7 = 4, sp_8 = 7, sp_9 = 11, sp_{10} = 13\}$。由于以上是对算法的说明,所以该成本是虚拟的相对数量成本。

(3) 形成抑制后的 SFN_{sEm} 和 SFN_{spx},涉及 14 个如图 6.1(a) 的网络结构,由于篇幅所限,下面不再给出具体结构图。

(4) 计算形成的所有 SFN_{sEm} 和 SFN_{spx} 的结构函数 T_{sEm} 和 T_{spx},将相同结构

的结构函数 T_{sEm} 和 T_{spx} 分类。计算且对 T_{sEm} 和 T_{spx} 进行分类，从而得到 8 种结构函数，如表 6.1 所列。

表 6.1　抑制后系统结构函数及发生概率

组号	抑制的事件或传递	系统结构函数	最终事件发生概率
T_0	无	$T_1 = e_3e_4e_1 + e_3e_4e_2 + e_3e_4 + e_5$	1.26×10^{-7}
T_1	E_4、E_1、q_1、q_4、q_5	$T_2 = e_3e_4 + e_5$	1.26×10^{-7}
T_2	E_3、q_2	$T_3 = e_3e_4e_1 + e_3e_4e_2$	4.35×10^{-23}
T_3	E_2、q_7、q_8	$T_4 = e_5$	1.26×10^{-7}
T_4	q_3	$T_5 = e_3e_4e_1 + e_3e_4e_2 + e_5$	1.26×10^{-7}
T_5	q_6	$T_6 = e_3e_4e_1 + e_3e_4e_2 + e_3e_4$	3.45×10^{-14}
T_6	q_9	$T_7 = e_3e_4e_2 + e_3e_4 + e_5$	1.26×10^{-7}
T_7	q_{10}	$T_8 = e_3e_4e_1 + e_3e_4 + e_5$	1.26×10^{-7}

（5）将 E 和 P 中元素对应代入表 6.1 的 $T_{0\sim7}$，计算系统最终事件发生概率。从表 6.1 可知，虽然 T_1、T_2、T_4、T_5、T_7 和 T_8 的系统结构函数不同，但最终事件发生概率相同，这些数值是近似相等的。由于 SFEP 本身的特点，在 e 和 p 各自相差不大于一个数量级时，结构函数数值基本取决于其中包含元素最少的项，其余项均为高阶无穷小。

（6）根据式（6.2），得到各抑制措施带来的效益。Benefit(q_1) = 14、Benefit(q_2) = 14.998 7、Benefit(q_3) = 5、Benefit(q_4) = 13、Benefit(q_5) = 26、Benefit(q_6) = 36.998 7、Benefit(q_7) = 4、Benefit(q_8) = 7、Benefit(q_9) = 11、Benefit(q_{10}) = 13、Benefit(E_1) = 100、Benefit(E_2) = 150、Benefit(E_3) = 179.998 7、Benefit(E_4) = 210。

从计算结果可知，对于过程事件 $E_{1\sim4}$ 的抑制后得到的效益明显高于对传递抑制得到的效益。当然，这取决于各边缘事件数量及发生概率、导致过程事件的逻辑关系、SFN 的结构和传递次数等。

对于实际问题，比如考虑时间因素，我们给出各边缘事件发生故障的故障率，以年为单位。根据系统发生故障的损失则可得到各抑制措施在当年产生的防止系统故障的效益，也可以通过该方法对所有可能抑制系统故障的措施按照产生的效益排序，进而选择效益最大的措施。

6.4　本章小结

本章基于 SFEP，在 SFN 表示的基础上，通过采取不同的抑制措施计算抑制故障带来的最终效益，提出了系统故障抑制措施成本效益分析方法。用该方法分析的前提是导致 SFEP 发生的边缘事件始终存在，采取抑制措施后 SFEP 仍可发展到最终事件。具体分析过程包括：确定 SFN 中所有边缘事件发生概率和传递概率；确定最终事件损失以及抑制各过程事件和传递的成本；依次去掉过程事件和传递形成抑制后的 SFN；计算形成的所有 SFN 结构函数；将相同结构的结构函数分类；将边缘事件和传递概率代入结构函数，计算系统最终事件发生概率；最终确定抑制措施带来的效益。研究结果显示，对过程事件的抑制效益明显高于对传递抑制的效益，可通过该方法对所有可能的抑制系统故障的措施按照产生的效益排序，进而选择效益最大的措施。

第 7 章　操作者与管理者行为
博弈演化与收益

　　在系统运行过程中,系统的实际操作者或工作者与系统的管理者或所有者围绕操作者收益和管理者收益展开博弈。其博弈目标是在对方承受范围内,使己方的收益最大化。

　　关于各种系统内不同主体相互博弈及其收益分析的研究报道很多,在各自领域都具有较好的适应性,同时解决了很多实际问题。但是,操作者不同行为、管理者不同行为以及二者不同行为之间的相互影响也是不同的。对两操作者的安全与不安全行为就有 4 种组合方式,他们的行为可能以不同逻辑方式导致后继结果产生。例如,两个同时产生不安全行为,则导致后继不安全结果发生;或者两个其一产生不安全行为,就会导致后继不安全结果发生。同样地,管理者对于每个操作者行为都会制定奖惩行为,这样奖惩行为也会相互影响。那么,操作者行为和管理者行为交织在一起则相当复杂,对整个系统而言,判断最终收益情况是困难的。

　　因此,本章基于 SFEP 思想,通过借助 SFN 和博弈方法研究系统中操作者和管理者的不同行为给各自带来的收益,并判断博弈胜出方。基于已有文献报道,下面介绍系统操作者和管理者行为博弈演化与收益分析方法。

7.1　空间故障网络和博弈论

　　SFEP 是一种表示系统故障过程中各种事件及其逻辑关系的方法。SFN 用于表示 SFEP,包括节点和有向线段。其中,节点代表事件,包括 SFEP 起始的原因事件、经历的过程事件和系统最终故障情况的最终事件;有向线段表示事件之间的传递关系,从原因事件指向结果事件;传递概率表示原因事件导致结果事件的可能性。当中间事件和最终事件有多个原因事件时,用其下角标标注原因事件间逻辑关系,如图 7.1 所示。这样,SFN 就可以表示复杂的 SFEP 以及其中的事件间逻辑关系和演化流程。

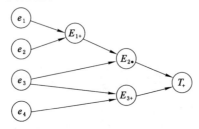

图 7.1　SFN 的模型

  SFN 具体研究方法包括转化法和结构法[1-5]。转化法是将 SFN 转化为 SFT,利用 SFT 已有的研究方法,从而避免二次开发,适用于解析分析。结构法是将 SFN 转化为事件和关系,并用矩阵形式表示,适用于计算机分析。

  因此,SFEP 可以表示任意具有事件和事件间逻辑关系特征的系统演化过程。同样作为表示方法的 SFN,也可以处理具有类似特征的过程。对于由操作者和管理者组成博弈系统,由于操作者和管理者不同的行为会导致不同的收益,所以对于同一事件的不同行为得到的收益就可以作为 SFN 的边缘事件,通过 SFN 分析得到最终系统收益情况。

  博弈论源于 20 世纪初,又称为对策论,它是分析事物之间矛盾的工具之一,涉及两个或多个参与者决策和行为的相互影响,这是确定局势的常用数学方法。博弈论主要研究参与者之间对抗和合作交织情况下如何决策,从而使己方在过程中获得较大利益,并且使对方同时接受。其方法逻辑源于贝叶斯(Bayesian)决策理论,从本质上它是逻辑完备的,也是在多个参与者及行为相互影响下的最优决策方法。

  在博弈论中,博弈是两个或多个参与者组成系统的局势,至少应包括参与者、策略和收益 3 个基本要素。参与者是博弈存在的基础,而参与者不一定是人,可以是任何与其他系统存在合作竞争关系的系统;策略是参与者根据系统局势和各方情况在采取具体行为前进行的分析与考量。收益是指参与各方在经过一系列合作竞争以及采用各种策略后,己方获得的目标方面的收益。

  对系统操作者与管理者,实施的不同行为相互影响,最终达到各方收益的过程是博弈过程。该过程具有各行为相互作用构成的复杂网络结构,适合使用 SFN 处理。

7.2　操作者与管理者的博弈演化分析

下面给出以下假设：

（1）系统博弈主体为操作者和管理者。

（2）操作者的行为包括安全行为和不安全行为。

（3）管理者行为包括惩罚行为和奖励行为。

（4）操作者代表系统操作和工作人员。

（5）管理者代表系统管理和所有人，管理者收益等同于系统收益。

（6）每个操作者和管理者只对一个边缘事件产生行为。

强调操作者和管理者行为的演化最终结果时，称为系统收益；强调操作者和管理者对立时，称为管理者收益。

建立博弈演化与收益分析方法，从基本参数确定、博弈过程的博弈逻辑关系、博弈演化结果表示与确定 3 个方面具体实现。

7.2.1　基本参数定义

文献[151]对建筑工人安全和不安全行为以及工程项目管理者惩罚和奖励激励的收益进行了研究。基于 SFN 的系统操作者与管理者行为的博弈演化和收益分析方法，下面给出基本参数的定义：

r_1：操作者执行安全行为给操作者带来的收益，$R_1 = \{r_1^1, \cdots, r_1^i, \cdots, r_1^I\}$，安全行为发生概率为 $P = \{p^1, \cdots, p^i, \cdots, p^I\}$。

I：表示采取行为的边缘事件数量，$i = 1, \cdots, I$。

r_2：操作者执行安全行为给系统带来的收益，$R_2 = \{r_2^2, \cdots, r_2^i, \cdots, r_2^I\}$。

r_3：操作者执行不安全行为给操作者带来的收益，$R_3 = \{r_3^1, \cdots, r_3^i, \cdots, r_3^I\}$，不安全行为发生概率 $1 - P = \{1 - p^1, \cdots, 1 - p^i, \cdots, 1 - p^I\}$。

r_4：操作者执行不安全行为给系统带来的收益，$R_4 = \{r_4^1, \cdots, r_4^i, \cdots, r_4^I\}$。

h：操作者不安全行为带来的系统损失，$H = \{h^1, \cdots, h^i, \cdots, h^I\}$。

b_1：管理者对操作者不安全行为实施惩罚行为的罚金，$B_1 = \{b_1^1, \cdots, b_1^i, \cdots, b_1^I\}$，惩罚发生概率 $Q = \{q^1, \cdots, q^i, \cdots, q^I\}$。

b_2：管理者对操作者安全行为实施奖励行为的奖金，$B_2 = \{b_2^1, \cdots, b_2^i, \cdots, b_2^I\}$，奖励发生概率 $1 - Q = \{1 - q^1, \cdots, 1 - q^i, \cdots, 1 - q^I\}$。

上述安全与不安全行为，惩罚和奖励行为都针对同一个事件 e^i，所有边缘事件的集合 $e = \{e^1, \cdots, e^i, \cdots, e^I\}$。

根据文献[6]给出的对于所有事件,操作者采取的安全和不安全行为给操作者带来的收益 $C_{avg} = \{c_{avg}^1, \cdots, c_{avg}^i, \cdots, c_{avg}^I\}$,如式(7.1)所列:

$$\begin{cases} C_{avg} = PC_A + (1-P)C_U \\ C_A = QR_1 + (1-Q)(R_1 + R_2) \\ C_U = Q(R_3 - B_1) + (1-Q)(R_3 - B_2) \end{cases} \quad (7.1)$$

式中　C_A——安全行为给操作者带来的收益;

　　　C_U——不安全行为给操作者带来的收益。

同理,对于所有事件,管理者采取的惩罚和奖励行为给系统带来的收益 $X_{avg} = \{x_{avg}^1, \cdots, x_{avg}^i, \cdots, x_{avg}^I\}$,如式(7.2)所列:

$$\begin{cases} X_{avg} = QX_F + (1-Q)X_Z \\ X_F = PR_2 + (1-P)(R_4 + B_1 - H) \\ X_Z = P(R_2 - B_2) + (1-P)(R_4 + B_2 - H) \end{cases} \quad (7.2)$$

式中　X_F——惩罚行为给系统带来的收益;

　　　X_Z——奖励行为给系统带来的收益。

7.2.2　博弈过程的博弈逻辑关系

在 SFEP 中,各种事件是相互交织在一起的网络结构,它们的联系是因果关系,包括"与"、"或"和"传递"关系。"与"关系表示原因事件同时存在导致结果事件;"或"关系表示只要有一个原因事件存在就可导致结果事件;"传递"关系表示有且只有一个原因事件可导致结果。当然,还有更复杂的逻辑关系存在于事件之间,比如何华灿教授提出的泛逻辑学的柔性逻辑关系有 20 种[135-136]。为了说明方便起见,这里只给出常用的操作者收益和管理者收益表达式,即"与""或"逻辑表达式。

这里,我们从悲观和乐观两个角度研究它们的收益关系。

(1) 在悲观情况下,操作者收益和管理者收益的与或逻辑表达式,如式(7.3)和式(7.4)所列:

$$\begin{cases} c_{avg}^i + c_{avg}^j = \text{Max}\{c_{avg}^i, c_{avg}^j\}, \text{"或" 关系} \\ c_{avg}^i \cdot c_{avg}^j = \text{sum}\{c_{avg}^i, c_{avg}^j\}, \text{"与" 关系} \end{cases} \quad (7.3)$$

式中, $i, j \in \{1, \cdots, I\}, c_{avg}^i, c_{avg}^j \in C_{avg}$。

$$\begin{cases} x_{avg}^i + x_{avg}^j = \text{Min}\{x_{avg}^i, x_{avg}^j\}, \text{"或" 关系} \\ x_{avg}^i \cdot x_{avg}^j = \text{sum}\{x_{avg}^i, x_{avg}^j\}, \text{"与" 关系} \end{cases} \quad (7.4)$$

式中, $i, j \in \{1, \cdots, I\}, x_{avg}^i, x_{avg}^j \in X_{avg}$。

(2) 在乐观情况下,操作者收益和管理者收益的"与""或"逻辑表达式,如式(7.5)和式(7.6)所列:

$$\begin{cases} c_{avg}^i + c_{avg}^j = \mathrm{Min}\{c_{avg}^i, c_{avg}^j\}, \text{"或"关系} \\ c_{avg}^i \cdot c_{avg}^j = \mathrm{sum}\{c_{avg}^i, c_{avg}^j\}, \text{"与"关系} \end{cases} \tag{7.5}$$

$$\begin{cases} x_{avg}^i + x_{avg}^j = \mathrm{Max}\{x_{avg}^i, x_{avg}^j\}, \text{"或"关系} \\ x_{avg}^i \cdot x_{avg}^j = \mathrm{sum}\{x_{avg}^i, x_{avg}^j\}, \text{"与"关系} \end{cases} \tag{7.6}$$

由式(7.3)~式(7.6)可知,在悲观情况下,操作者的收益尽可能大,管理者收益尽可能小;反之,在乐观情况下,操作者的收益尽可能小,管理者收益尽可能大。因此,乐观和悲观是站在管理者系统层面而言的。

7.2.3　博弈演化结果表示与确定

系统故障的发生往往是由很多原因造成的。这些原因可归结为人、机、环境、管理 4 个方面。机器的可靠性最高,如果人按照规章制度安全操作,那么机器不会出现不安全状态而导致故障。同理,环境对系统故障的影响在非极端条件下也不明显,且一般通过对人的干扰使人产生不安全行为造成故障。因此,在整个系统中,人和管理显得特别重要。

在 SFEP 中,最初的原因事件称为边缘事件,可描述操作者对系统的操作行为。无论是安全行为还是不安全行为,在多个边缘事件描述的多个操作者行为后,总能通过 SFEP 得到 SFN,进而最终演化得到众多操作者在系统层面的收益。当然,这些边缘事件的主体可能是同一个操作者,也有可能是多个操作者。但从操作行为角度来看,这些并不重要,操作行为的事件数量才是关键。同理,对于任何操作,都有相应的管理行为,包括惩罚和奖励。由此可见,操作者、操作行为、管理者、管理行为的数量相同,都对应于同一组边缘事件。研究表明,最终演化也可得到众多管理者在系统层面的收益。

对操作者和管理者而言,经历整个 SFEP 后,如果操作者收益(C_{SFN})大于管理者收益(X_{SFN}),则操作者生出,对管理者不利;反之,如果 C_{SFN} 小于 X_{SFN},则管理者胜出,对操作者不利。作为系统的管理者和投资方希望后者出现;而作为操作者和被雇佣者则希望前者出现。由此可见,操作者和管理者构成了博弈关系。

在研究 SFEP 特征时,可以用 SFN 表示,随后由事件和连接组成。边缘事件可代表操作者和管理者行为后的收益,对应的最终事件代表博弈演化后操作者和管理者的收益。连接表示二者行为后收益之间的逻辑关系,蕴含着传递概率,表示原因事件导致结果事件的发生概率。由于事件代表操作者和管理者收益,因此设传递概率为 1。C_{SFN} 和 X_{SFN} 以及它们的关系如式(7.7)所列:

$$
\begin{cases}
C_{\mathrm{SFN}} = c_{\mathrm{avg}}^i \Delta c_{\mathrm{avg}}^j \Delta \cdots, \Delta = \{+ \text{"或"关系}, \bullet \text{"与"关系}\}, c_{\mathrm{avg}}^i, c_{\mathrm{avg}}^j \in C_{\mathrm{avg}} \\
X_{\mathrm{SFN}} = x_{\mathrm{avg}}^i \Delta x_{\mathrm{avg}}^j \Delta \cdots, \Delta = \{+ \text{"或"关系}, \bullet \text{"与"关系}\}, x_{\mathrm{avg}}^i, x_{\mathrm{avg}}^j \in X_{\mathrm{avg}} \\
C_{\mathrm{SFN}} - X_{\mathrm{SFN}} > 0, \text{操作者胜出} \\
C_{\mathrm{SFN}} - X_{\mathrm{SFN}} < 0, \text{管理者胜出}
\end{cases}
$$

$$(7.7)$$

根据 SFN,首先通过式(7.7)得到 SFEP 的博弈演化过程表达式 C_{SFN} 和 X_{SFN};然后通过式(7.3)～式(7.6)进行解析,得到博弈演化过程收益表达式。乐观和悲观两种情况分别对应式(7.5)、式(7.6)和式(7.3)、式(7.4)。将式(7.1)和式(7.2)代入博弈演化过程收益表达式,可最终得到二者博弈关系结果。

7.3 实 例 分 析

下面给出一个 SFEP 的 SFN,如图 7.1 所示。

在图 7.1 中,边缘事件包括 e_1、e_2、e_3、e_4,它们代表导致 SFEP 的基本原因;E_1、E_2、E_3 表示过程事件,即 SFEP 经历的事件;T 表示最终事件,是系统最终的状态。不考虑传递概率为 1,研究一个系统的操作者采取安全和不安全行为获得的收益,与管理者采取惩罚和奖励行为获得的收益。例如,一个建设项目,操作者可理解为工人,工人的收益最大化是工资收入的最大化,项目是否收益最大化与他们无关。管理者可理解为甲方或投资者,他们希望项目收益最大化,操作者是否收益最大化与他们无关。操作者的安全和不安全行为,管理者的惩罚和奖励行为是相互影响的,视对方行为不同动态调整己方行为。

图 7.1 过程可表述如下:4 个操作者各有 1 种行为,分别对应事件 e_1、e_2、e_3、e_4;对各事件 $e_i, i = 1, \cdots, 4$,操作者可采取安全 c_A 或不安全 c_U 的行为;操作者采取 c_A 的概率为 p^i,采取 c_U 的概率为 $1 - p^i$;这些行为形成了操作者处理 e_i 后的收益 c_{avg}^i;收益 $c_{\mathrm{avg}}^{1\sim4}$ 按 SFN 的逻辑关系,最终形成了操作者在系统层面的收益 C_{SFN}。同理,对各种操作者行为,管理者实施对应的管理行为,可采取惩罚 x_F^i 和奖励 x_Z^i 行为。采取 x_F^i 的概率为 q^i,采取 x_Z^i 的概率为 $1 - q^i$,最终形成了管理者处理 e_i 后的收益 x_{avg}^i。收益 $x_{\mathrm{avg}}^{1\sim4}$ 按 SFN 的逻辑关系,最终形成了管理者在系统层面的收益 X_{SFN}。

根据式(7.1)、式(7.2)和图 7.1,得到对边缘事件的操作者收益和管理者收益,分别如式(7.8)和式(7.9)所列:

$$
\begin{cases}
c_{\mathrm{avg}}^i = p^i c_A^i + (1 - p^i) c_U^i \\
c_A^i = q^i r_1^i + (1 - q^i)(r_1^i + r_2^i) \\
c_U^i = q^i (r_3^i - b_1^i) + (1 - q^i)(r_3^i - b_2^i)
\end{cases}
$$

$$(7.8)$$

式中，$i=1,\cdots,4$。

$$\begin{cases} x_{\text{avg}}^1 = q^i x_F^i + (1-q^i) x_Z^i \\ x_F^i = p^i r_2^i + (1-p^i)(r_4^i + b_1^i - h^i) \\ x_Z^i = p^i(r_2^i - b_2^i) + (1-p^i)(r_4^i + b_2^i - h^i) \end{cases} \tag{7.9}$$

式中，$i=1,\cdots,4$。

根据图 7.1，系统结构、系统层面的操作者收益和管理者收益如式(7.10)所列：

$$\begin{cases} T = e_1 e_3 + e_2 e_3 + e_3 + e_4 \\ C_{\text{SFN}} = c_{\text{avg}}^1 c_{\text{avg}}^3 + c_{\text{avg}}^2 c_{\text{avg}}^3 + c_{\text{avg}}^3 + c_{\text{avg}}^4 \\ X_{\text{SFN}} = x_{\text{avg}}^1 x_{\text{avg}}^3 + x_{\text{avg}}^2 x_{\text{avg}}^3 + x_{\text{avg}}^3 + x_{\text{avg}}^4 \end{cases} \tag{7.10}$$

进一步地，式(7.10)结合式(7.3)和式(7.4)进行悲观角度的操作者和管理者博弈，如式(7.11)所列；式(7.10)结合式(7.5)和式(7.6)进行乐观角度的操作者和管理者博弈，如式(7.12)所列：

$$\begin{cases} C_{\text{SFN}} = \max\{\text{sum}\{\max\{c_{\text{avg}}^1, c_{\text{avg}}^2\}, c_{\text{avg}}^3\}, \max\{c_{\text{avg}}^3, c_{\text{avg}}^4\}\} \\ X_{\text{SFN}} = \min\{\text{sum}\{\min\{c_{\text{avg}}^1, c_{\text{avg}}^2\}, c_{\text{avg}}^3\}, \min\{c_{\text{avg}}^3, c_{\text{avg}}^4\}\} \\ C_{\text{SFN}} - X_{\text{SFN}} > 0，操作者胜出 \\ C_{\text{SFN}} - X_{\text{SFN}} < 0，管理者胜出 \end{cases} \tag{7.11}$$

$$\begin{cases} C_{\text{SFN}} = \min\{\text{sum}\{\min\{c_{\text{avg}}^1, c_{\text{avg}}^2\}, c_{\text{avg}}^3\}, \min\{c_{\text{avg}}^3, c_{\text{avg}}^4\}\} \\ X_{\text{SFN}} = \max\{\text{sum}\{\max\{c_{\text{avg}}^1, c_{\text{avg}}^2\}, c_{\text{avg}}^3\}, \max\{c_{\text{avg}}^3, c_{\text{avg}}^4\}\} \\ C_{\text{SFN}} - X_{\text{SFN}} > 0，操作者胜出 \\ C_{\text{SFN}} - X_{\text{SFN}} < 0，管理者胜出 \end{cases} \tag{7.12}$$

将式(7.8)和式(7.9)代入式(7.11)和式(7.12)，即可求出悲观和乐观情况下 C_{SFN} 和 X_{SFN} 的关系。这里，强调悲观和乐观是站在管理者角度而言的。乐观时管理者代表的系统收益最大化，悲观时操作者代表的群体利益最大化。当确定了图 7.1 中 4 个边缘事件操作的基本参数数值后，将其代入式(7.8)和式(7.9)，再将其代入式(7.11)和式(7.12)，可求得 C_{SFN} 和 X_{SFN} 的具体数值，并比较它们的关系，获得悲观和乐观情况下的博弈胜出者，进而为操作者和管理者选择适合的行为进行收益博弈提供决策依据。

7.4　本章小结

本章在 SFEP 形成的 SFN 结构上，基于博弈思想研究了系统中操作者和管理者采取不同行为的相互博弈过程，以这些行为获得的收益为目标展开研究。

（1）根据已有文献报道获得了研究的基础参数，并根据需要进行了调整。具体包括：操作者安全或不安全行为给操作者或系统带来的收益；操作者不安全行为带来的系统损失；管理者对不安全行为的惩罚金；管理者对安全行为的奖励金等。

（2）给出了博弈过程的博弈逻辑关系。基于 SFN 的事件间逻辑关系，通过悲观和乐观两个不同角度研究了事件间相互作用后的收益关系；介绍了悲观和乐观情况下操作者收益和管理者收益的与或逻辑表达式。

（3）研究博弈过程的演化结果。基于 SFN 的演化过程研究，得到了系统层面的操作者和管理者的博弈演化过程表达式和博弈演化过程收益表达式，并最终判断胜出者；同时，通过实例 SFN 说明了整个算法的流程。

第 8 章　系统博弈综合收益分析

　　在任何项目构成的管理系统中,普遍存在着博弈问题。系统中各参与者都在使用各种行为,力求使己方收益最大化,同时平衡各方收益,以便满足各方要求。就最简单工程系统而言,直接劳动者往往是被雇佣的,是直接操作系统的人。他们以自己收益最大化为目标,同时采用简便、易行且成本最低的行为完成系统赋予的工作,一般是片面的收益最大化。但往往操作者的这些行为综合在一起导致系统发生故障或事故,给系统整体收益带来不利影响。从另一角度来看,系统管理者往往是系统的所有者和受益人,他们以系统整体收益最大化为目标,一般不可考虑操作者群体的收益情况。因此,操作者和管理者成为系统运行的参与者,他们的行为为各自收益最大化服务;同时,他们也要考虑对方行为,从而调整己方行为,在获得收益最大化的同时满足对方要求。研究表明,操作者和管理者组成了具有博弈特征的系统,而如何在管理者角度分析和保障系统收益成为研究的关键问题。

　　关于各类系统博弈和收益问题的研究已有很多,尽管这些研究一般专注于各自领域并取得了良好效果,但是仍然缺乏对多事件组成系统的收益情况研究。操作者和管理者对系统中各事件可能采取各种行为,这样对二者而言这些事件收益是不同的。进一步地,如果这些事件间存在逻辑关系,共同演化导致了系统收益的变化,则是一个复杂的演化过程,而现有分析方法难以胜任。

　　针对上述问题,本章使用 SFN 对演化过程进行表示和处理,将操作者和管理者不同行为作用于事件后的收益,定义为事件综合收益,作为 SFN 边缘事件;确定边缘事件演化过程逻辑关系和处理方法,演化后得到最终事件,即系统收益,并判断胜出者。

8.1　操作者与管理者及其行为

任何系统,特别是将实际工程建设过程作为系统研究时,可从人、机、环境、管理4个方面对系统需要的各种目标进行评价和分析,当然还有更细分类。这里,人是系统的实际操作者,即系统中付出劳动、操作各类机器的人。人存在不安全行为,这主要是由于人对机器、环境及管理的不适应。机是系统中人的主要操作对象,在机发生物理破坏和不可逆破坏前一般不发生故障。机存在不安全状态,该状态一般是由人的不安全行为和环境因素干扰造成的。环境在系统中对人和机都有影响,但主要是对人的干扰。适合和不适合的环境对人的不安全行为有明显的影响。管理是系统中对人的约束,也是对机器操作的规范,使人避免不安全行为,管理的具体实施者仍是人。因此,上述系统可视为由操作系统的人和管理操作者的人(即操作者和管理者)参与的系统。

操作者是系统的使用者,具有安全行为和不安全行为。例如,施工现场电焊过程中,焊工对于穿绝缘鞋这一事件可以采取安全行为和不安全行为。安全行为包括穿符合要求的绝缘鞋等;不安全行为包括不穿绝缘鞋或穿损坏的绝缘鞋等。操作者选择安全行为或不安全行为的动机是考察行为后该事件给己方带来的收益。安全行为往往投入更大,需要满足严格的规章制度;不安全行为往往是方便快捷的,根据直观而定。另外,还需考虑行为后管理者对操作者行为的反应可能对操作者收益有利或不利。操作者会综合考量,在一定概率条件下选择安全或不安全行为。

管理者是系统的管理或拥有者,系统整体收益可以说是管理者的收益。因此,他们往往从系统收益最大化出发考虑行为策略,对操作者进行管理,包括惩罚和奖励行为。例如,在施工现场电焊过程中,管理者对操作者穿绝缘鞋或不穿绝缘鞋可采取不同的行为或无行为。对穿符合要求绝缘鞋的操作者进行奖励,一般管理者没有奖励行为;对不穿或穿不符合绝缘鞋的操作者进行惩罚,一般都对这种情况进行惩罚。管理者从系统和项目整体出发考量收益,并确保收益最大化,一般不考虑操作者的收益最大化。基于此管理者根据操作者行为,在一定概率条件下选择惩罚和奖励行为。

因此,系统中管理者行为和操作者行为都力求己方收益最大化,同时满足对方的基本要求使对方妥协,两方策略构成了博弈系统。该系统在生产和生活中普遍存在,只要存在管理者和操作者,就存在这样的博弈系统。因此,研究参与者行为博弈和导致的系统收益具有重要意义。

8.2　SFN 与博弈过程的关系

系统存在两个参与者相互博弈时,对系统中一个事件,操作者和管理者可执行不同行为满足己方收益。例如,8.1 节的穿绝缘鞋事件,双方都有一定概率采取各自的不同行为。系统中的另一事件,比如焊枪接地线接触位置选择,理论上可接在任何金属构件上,但不可接在脚手架、钢筋笼或周围设备金属外壳上,比如操作者的安全行为是接在专用地线上,不安全行为是接在上述构件上。由于现场条件限制,地线时常接在上述构件而不接地。操作者有一定概率选择安全行为或不安全行为;同样地,管理者也根据实际情况对操作者的接地事件进行管理,有一定概率采取惩罚和奖励行为。

穿绝缘鞋事件和焊接接地事件操作者都采取了一定行为,同时管理者也采取了对应行为。这时出现另一捆扎钢筋事件,使得操作者必须徒手捆扎钢筋。当然,操作者和管理者对该事件也要采取适当行为。这 3 个事件组合在一起,最坏的情况是操作者触电,操作者收益下降,导致停工以及管理者收益下降;或者不发生触电事故,操作者蒙混过关,管理者并未发现,二者收益不变。由此可见,操作者和管理者组成了以收益为目标的博弈系统。

系统层面的收益取决于使系统发生故障的基本原因,即基本事件在受到操作者和管理者综合行为处理后,二者得到的收益情况。这些原因事件收益相互交织,因果演化成为一连串的事件组合,最终形成系统收益。该过程与系统故障过程发生机理类似,且系统中发生意外和故障是导致这些事件和系统功能效用变化的主要原因,而功能直接影响收益。为此,本书提出使用 SFN 研究操作者和管理者博弈系统的收益问题。

在由操作者和管理者组成的博弈系统中,由于操作者和管理者不同行为会导致不同的收益,所以对同一事件的不同行为得到的事件收益就可作为 SFN 的边缘事件,通过 SFN 分析得到最终系统收益情况。由此可见,使用 SFN 表示操作者与管理者行为的事件综合收益与演化所得系统收益的关系,并通过博弈论思想解决是可行的。

8.3 系统层面收益分析方法

8.3.1 基本参数与事件综合收益关系

对单一事件而言,操作者和管理者行为后得到的事件综合收益 CX_{avg} 是操作者采取的安全和不安全行为给操作者带来的收益 C_{avg} 与管理者采取的惩罚和奖励行为给管理者带来的收益 X_{avg} 的差值,如式(8.1)所列:

$$
\begin{aligned}
CX_{avg} &= X_{avg} - C_{avg} \\
&= QX_F + (1-Q)X_Z - (PC_A + (1-P)C_U) \\
&= Q(PR_2 + (1-P)(R_4 + B_1 - H)) + (1-Q)(P(R_2 - B_2) + \\
&\quad (1-P)(R_4 + B_2 - H)) - (P(QR_1 + (1-Q)(R_1 + R_2)) + \\
&\quad (1-P)(Q(R_3 - B_1) + (1-Q)(R_3 - B_2)))
\end{aligned} \tag{8.1}
$$

将式(8.1)展开,分别根据基本参数合并同类项,得到这些基本参数和对应行为概率与事件综合收益的关系,如表 8.1 所列。

表 8.1　基本参数与事件综合收益关系

基本参数	相关项	化简	概率	参与者	行为
R_1	$-PQP_1 - PR_1 + PQR_1$	$-PR_1$	$-P$	操作者	安全
R_2	$QPR_2 + PR_2 - QPR_2 - PR_2 + PQR_2$	PQR_2	PQ	操作者 管理者	安全 惩罚
R_3	$-QR_3 - R_3 + QR_3 + PQR_3 + PR_3 - PQR_3$	$(P-1)R_3$	$-(1-P)$	操作者	不安全
R_4	$R_4 - PR_4 - QR_4 + QPR_4$	$(1-P-Q+QP)R_4$	$(1-Q)(1-P)$	操作者 管理者	不安全 奖励
H	$-QH + QPH - H + PH + QH - QPH$	$(P-1)H$	$-(1-P)$	操作者	不安全
B_1	$QB_1 - QPB_1 + QB_1 - PQB_1$	$2(Q-PQ)B_1$	$2Q(1-P)$	操作者 管理者	不安全 惩罚
B_2	$-PB_2 + B_2 - PB_2 + QPB_2 - QB_2 + QPB_2 + B_2 - QB_2 - PB_2 + PQB_2$	$(2-3P-2Q+3QP)B_2$	$(1-Q)(2-3P)$	操作者 管理者	不安全 奖励

从表 8.1 可知,由于基本参数在事件综合收益计算的设定都是正值,且综合

收益是站在管理者角度确定的,因此它代表了管理者收益最大、操作者收益最小的情况。例如,R_4 对 CX_{avg} 的影响来源于操作者的不安全行为收益和管理者奖励行为收益,当这两种行为发生的概率变化时,R_4 对 CX_{avg} 的影响也发生变化。同理,可确定其余基本参数与各行为的收益关系。对事件 e^i 的事件综合收益如式(8.2)所列,其中 CX_{avg} 是 $cx_{avg}^{1\sim i}$ 的集合。

$$cx_{avg}^i = -p^i r_1^i + p^i q^i r_2^i - (1-p^i)r_3^i + (1-q^i)(1-p^i)r_4^i -$$
$$(1-p^i)h^i + 2q^i(1-p^i)b_1^i + (1-q^i)(2-3p^i)b_2^i \qquad (8.2)$$

8.3.2 博弈逻辑关系与系统收益确定

对应于操作者和管理者的博弈过程,边缘事件相当于操作者行为和管理者行为产生的事件综合收益。系统最终收益可能取决于操作者和管理者对多个事件采取的不同行为,这些行为对所有事件 $e^{1\sim i}$ 处理后产生的事件综合收益 $cx_{avg}^{1\sim i}$ 是按照 SFN 相互作用最终形成系统收益 CXT_{avg}。

例如,事件 e^1 和事件 e^2 同时发生导致后即事件发生,二者是"与"关系。也就是说,操作者和管理者行为后所得两个事件综合收益之间也跟随着相同逻辑关系传递到系统收益。这时两事件同时存在,后继事件收益是他们综合收益的和。当两事件之一发生导致后继事件发生,二者是"或"关系。

从管理者角度来说,乐观情况下的后继事件收益取两事件综合收益较大者;悲观情况下取较小者。

当然,SFN 中事件逻辑关系很多[1-2],可对应得到事件综合收益逻辑关系。这些逻辑关系都基于"与""或"关系,因而给出事件综合收益与或关系得到后继事件综合收益算法,分别如式(8.3)和式(8.4)所列:

$$乐观后继事件综合收益 \begin{cases} cx_{avg}^i + cx_{avg}^j = \max\{cx_{avg}^i, cx_{avg}^j\},"或"关系 \\ cx_{avg}^i \cdot cx_{avg}^j = \mathrm{sum}\{cx_{avg}^i, cx_{avg}^j\},"与"关系 \end{cases}$$
$$(8.3)$$

$$悲观后继事件综合收益 \begin{cases} cx_{avg}^i + cx_{avg}^j = \min\{cx_{avg}^i, cx_{avg}^j\},"或"关系 \\ cx_{avg}^i \cdot cx_{avg}^j = \mathrm{sum}\{cx_{avg}^i, cx_{avg}^j\},"与"关系 \end{cases}$$
$$(8.4)$$

结合 SFN 网络结构,各边缘事件的事件综合收益 $cx_{avg}^{1\sim i}$[式(8.2)]及收益之间的逻辑关系[式(8.3)和式(8.4)],即可得到 SFEP 后的系统收益 CXT_{avg}。如果 $CXT_{avg} > 0$,说明管理者胜出,系统获利;否则,操作者胜出。

8.4　实　例　分　析

如图 7.1 所示，边缘事件包括 e^1、e^2、e^3、e^4，代表导致事故的基本原因；E_1、E_2、E_3 表示过程事件，是边缘事件相互作用后的中间事件；T 表示最终事件，是系统最终事故状态。

由 8.3.2 小节可知，事件之间的演化和逻辑关系可等同于事件综合收益的演化和逻辑关系。因此，e^1、e^2、e^3、e^4 可代表操作者和管理者行为后产生的事件综合收益。过程事件和最终事件下角标的"·""＋"分别表示"与"关系和"或"关系。根据图 7.1 和 SFN 的化简方法[135-136]，我们得到系统收益 CXT_{avg} 的事件收益 $cx_{avg}^{1\sim4}$ 结构表达式，如式（8.5）所列：

$$CXT_{avg} = cx_{avg}^1 cx_{avg}^3 + cx_{avg}^2 cx_{avg}^3 + cx_{avg}^3 + cx_{avg}^4 \tag{8.5}$$

基于乐观和悲观角度，将式（8.3）和式（8.4）分别代入式（8.5），得到系统收益 CXT_{avg}，如式（8.6）和式（8.7）所列：

乐观系统收益
$$\begin{cases} CXT_{SFN} = \max\{\text{sum}\{\max\{cx_{avg}^1, cx_{avg}^2\}, cx_{avg}^3\}, \max\{cx_{avg}^3, cx_{avg}^4\}\} \\ CXT_{SFN} > 0，管理者胜出 \\ CXT_{SFN} < 0，操作者胜出 \end{cases}$$

$$\tag{8.6}$$

悲观系统收益
$$\begin{cases} CXT_{SFN} - \min\{\text{sum}\{\min\{cx_{avg}^1, cx_{avg}^2\}, cx_{avg}^3\}, \min\{cx_{avg}^3, cx_{avg}^4\}\} \\ CXT_{SFN} > 0，管理者胜出 \\ CXT_{SFN} < 0，操作者胜出 \end{cases}$$

$$\tag{8.7}$$

将各事件 e^1、e^2、e^3、e^4 确定对应的基本参数代入式（8.2），求得 $cx_{avg}^{1\sim4}$；将 $cx_{avg}^{1\sim4}$ 代入式（8.6）和式（8.7），求得乐观和悲观情况下的系统收益。进一步地，系统收益应该介于悲观 CXT_{avg} 和乐观 CXT_{avg} 之间，也是管理者得到的最终收益。

该系统的参与者是操作者和管理者，操作者有安全和不安全行为，管理者有惩罚和奖励行为。对于任何一个导致系统故障的边缘事件，操作者和管理者都可采取这些行为。因此，经过这些行为处理后的事件对于参与者将得到收益。不同边缘事件之间逻辑关系不同，最终演化为系统的最终事件。人们可使用 SFN 方法研究事件综合收益和系统收益关系，进而判断系统中参与者的胜出方，为类似的施工安全管理、组织管理、工程管理等的参与者提供博弈方案，使己方利益最大化。

8.5　本 章 小 结

基于 SFN 表示 SFEP 的能力,考虑操作者和管理者的不同行为,本章研究了这些行为对各事件综合收益和系统收益的影响和关系。主要研究结论如下:

(1) 论述了操作者和管理者组成的博弈系统。操作者是系统的操作人员,直接操作系统并获得收益;管理者是系统的管理和所有人,对操作者进行管理。操作者具有安全和不安全行为;管理者具有惩罚和奖励行为。在系统中,正是由于对各事件操作者和管理者都有概率采取不同行为导致各事件综合收益变化,进而在博弈演化过程中导致系统收益变化。

(2) 研究了基本参数与事件综合收益关系。对事件综合收益表达式进行化简,重新组合得到各基本参数在事件综合收益中出现的概率,进而从概率角度确定操作者和管理者行为在事件综合收益中所起作用。

(3) 研究了博弈过程的博弈逻辑关系。以管理者的悲观和乐观角度出发,研究管理者和操作者行为得到的多个事件综合收益与后继事件收益的逻辑关系。书中特别给出了与"或"关系的事件综合收益与后继事件收益逻辑关系表达式,从而确定系统收益和博弈胜出者。

(4) 通过实例说明方法分析流程,得到了实例系统的各事件综合收益和系统收益,说明了方法的适用性和正确性。

第 9 章　三层博弈演化系统价值分析

系统是在规定条件下和规定时间内完成预定功能而建立的。系统功能价值体现在完成这种预定功能的能力上。影响系统功能价值的因素很多,包括人、机、环境和管理。机子系统一般不自发产生不安全状态;环境子系统通过影响人产生不安全行为,导致机的不安全状态;管理子系统限定人对机的规范操作。因此,在整个系统中,矛盾的主体是人与机。人可视为系统的参与者,包括控制机系统的操作者和监督管理操作者的管理者。系统故障过程不是一蹴而就的,而是多个相关事件相互作用的结果。对于单一事件而言,参与者可采取不同行为,这些行为将影响事件功能价值及其对系统功能价值的贡献。将行为影响事件功能价值的结果,称为事件价值;将各事件价值经过演化得到的系统功能价值,称系统价值。因此,价值变化的过程可表示为:参与者选择各自行为;操作者和管理者对应行为选择,导致不同的事件价值;各事件价值经过故障演化影响了系统价值。这是一个较为复杂的博弈过程,而博弈的目标是实现各方价值。

关于系统故障与博弈演化研究已获得一些成果,而这些成果在各自领域中起到了积极的作用。但就上述博弈过程而言,应明确以下几个问题:参与者有哪些行为;对单一事件参与者行为如何确定和相互影响;各事件在参与者行为后事件价值如何变化;事件价值变化如何影响系统价值变化。

综上所述,本章基于 SFN 和博弈理论,认为该过程涉及三层博弈:第一层是参与者选择各自行为的博弈;第二层是操作者和管理者对单一事件的行为后果,即事件价值博弈;第三层是各事件价值在不同逻辑关系演化中确定系统价值的博弈。

本书针对这三层博弈展开研究,并最终建立系统价值变化分析方法。

9.1　系统故障过程及参与者的行为

系统在预定条件下且预定时间内完成预定功能的能力称为可靠性；相应地，系统在上述条件下不能完成功能或功能下降称为故障。因此，系统功能状态总是在可靠状态和故障状态间转换，但这属于理想情况。人造系统由人建立，旨在完成一定目标，而人判断系统功能状态的基础是影响功能状态的因素和系统随之变化的数据。在理想情况下，人们获得所有的数据和因素来判断系统功能状态。然而，人们完全了解因素和数据是不可能的，这甚至违反了自然科学中的哲学原理。人在只了解部分因素和数据情况下，判断系统属于何种状态是困难的，甚至在一些情况下根本不能判断或察觉系统功能状态的变化。反映到实际系统运行中，就是系统功能的未知状态。因此，系统功能状态至少包括可靠状态、故障状态和未知状态。

客观存在的系统，特别是人造系统，一般不会自主工作完成目标，而是在人的操作和管理下运行。因此，这些人与系统组成了更大的系统。系统中研究对象可划分为人、机、环境和管理，也有其他划分方法。机子系统对应于上述的人造系统，在人操作和管理下运行。人子系统是机子系统的操作者和管理者。环境子系统指存在于人机周围的影响因素，且主要对人作用使其产生不安全行为，不安全行为作用于机子系统造成不安全状态，最终发生故障或事故。管理子系统的实施者是管理人员，管理对象是操作者，规范后者行为，避免其不安全行为和机的不安全状态。可见，环境和管理都是通过人作用于机实现的，因而参与者与机子系统形成了最直接的系统关系。

操作者使用系统完成功能，同时使自己获利，系统产生价值；管理者管理操作者行为，管理者的权利来源于对系统掌控和所有关系，避免系统发生损失。操作者对系统的每次行为的后果是使系统价值发生变化。那么，在面对可能造成系统故障的情况下，操作者可采取可靠行为使系统保持可靠状态，或者采取故障行为使系统发生故障，也可能操作者对自己采取的行为不知道是否可靠，甚至不采取行为。对应管理者要对操作者各种行为进行约束和监督，可以采取奖励行为，奖励管理者认为可奖励的操作者行为（包括误判），也可以采取惩罚行为惩罚操作者。当然，管理者对操作者的行为可能没有察觉或不能判断优劣，因此没有采取行为，即未知状态。由此可见，对于系统故障过程中的单一事件而言，操作者具有可靠行为、无行为、故障行为；管理者具有奖励行为、无行为、惩罚行为。

9.2　操作者与管理者的行为博弈

对于单一事件,操作者有 3 种行为,管理者也有 3 种行为,这样就形成了 9 种组合。其中,操作者可靠行为被管理者对应惩罚行为及操作者故障行为被管理者对应奖励行为都看似不合理,但在实际生产生活中较为普遍。由于参与者双方信息和立场不对称,也不相同,这两种情况是"可能出现,但不合理"的情况,因而上述 9 种组合都应参与博弈。

将操作者、管理者和实现功能的系统组成系统,以系统实现功能产生价值为目标展开研究。就系统故障过程中单一事件而言,操作者或管理者行为有利于系统功能的实现和系统价值的提升,反之下降;操作者操作系统,管理者管理操作者;管理者拥有系统,操作者受雇于管理者。参与者与系统的关系如图 9.1 所示。

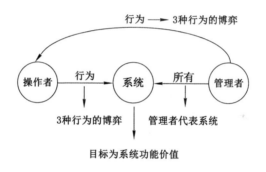

图 9.1　参与者与系统关系

如图 9.1 所示,对于单一事件(在系统故障过程中),参与者行为可改变系统价值。操作者目的是使自己价值最大化,管理者目的是使系统价值最大化,因而操作者和管理者构成博弈系统;同时,他们各自的 3 种行为之间也构成了博弈系统。

下面研究这两层博弈并给出如下假设:

(1) R:操作者采取可靠行为使系统增加价值量,行为概率为 q_R。

(2) U:操作者不采取行为,系统价值不变,行为概率为 q_U。

(3) F:操作者采取故障行为,系统发生事故的价值降低量,行为概率为 q_F, $q_R + q_U + q_F = 1$。

(4) J:管理者采取奖励行为,消耗系统价值量,行为概率为 q_J。

（5）B：管理者不采取行为，不消耗系统价值，行为概率 q_B。

（6）C：管理者采取惩罚行为，归入系统价值的提升量，行为概率为 q_C，$q_J + q_B + q_C = 1$。

（7）管理者对于操作者的任何行为都要采取对应行为，且同时发生。

对于单一事件，任何操作者行为及对应的管理者行为共同造成系统价值的变化量如表 9.1 所列。表 9.1 中"＋"代表系统价值增加，"－"代表系统价值减少。价值量增加时对应操作者失去的价值量增加，管理者绩效价值量（系统价值量）增加。

表 9.1　参与者行为与单一事件价值变化量的关系

操作者	管理者					
	J	价值变化量	B	价值变化量	C	价值变化量
R	$+ q_J q_R(R-J)$	$+5.6$	$+ q_B q_R R$	$+16$	$+ q_C q_R(R+C)$	$+28.8$
U	$- q_U q_J J$	-1.2	0	0	$+ q_C C$	$+32$
F	$- q_F q_J(R+F)$	-11.2	$- q_F F$	-16	$+ q_F q_C(C-F)$	$+6.4$

注：对于单一事件 e_n，上述变量使用上角标 n 以示区别。

表 9.1 中的行为概率与行为影响事件价值变化量并未直接相乘，因为操作者和管理者行为是同时产生的，即操作者行为作用于事件；同时，管理者行为作用于操作者，而不是分开作用的。因此，表 9.1 中行为概率的乘积在价值变化量运算之外。

9.3　以系统价值为目标的博弈演化

上述解决了以单一事件价值为目标，介绍了操作者和管理者各自 3 种行为之间以及操作者与管理者之间博弈的情况。如果系统故障过程中有多个事件属于这种事件，且这些事件之间仍存在逻辑关系，那么情况就更加复杂了。接下来要解决的是系统故障过程及其中事件逻辑关系的描述问题，这里使用 SFN 理论。

SFN 用于表示 SFEP，它是由事件和传递组成的。事件表示 SFEP 中发生的各种与系统故障状态变化相关的对象、动作和状态的组合。传递表示事件之间的相互关系，由原因事件向结果事件传递。当有多个原因事件导致同一结果事件发生时，原因事件可以多种逻辑关系导致结果事件发生，包括最简单的

"与"、"或"和"传递"关系。其中,"传递"关系是原因
事件和结果事件一一对应的关系。SFN 是由节点和
有向线段构成的网络结构,前者代表 SFEP 的事件,
后者代表传递。在不引起奇异的情况下,SFN 中仍
然使用事件和传递的说法。事件包括作为基本原因
引起 SFEP 的边缘事件,SFEP 中的过程事件和
SFEP 最终状态的最终事件。下面通过实例 SFEP
的 SFN 进行说明,如图 9.2 所示。

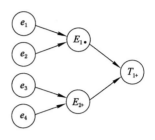

图 9.2　实例 SFEP 的 SFN

在图 9.2 中,e_1、e_2、e_3、e_4 为边缘事件;E_1 和 E_2 为过程事件;T 为最终事件。
有向线段表示传递,并蕴含这传递概率,表示原因事件导致结果事件的概率。这
里将 SFEP 应用于博弈过程,因此传递概率默认为 1,图中未标出。另外,图中
过程事件和最终事件下角标符号表示原因事件导致其发生的逻辑关系,"＋"表
示"或"关系,即原因事件之一发生结果事件发生;"·"表示"与"关系,即原因事
件都发生结果事件发生。

如果 SFEP 中存在多个边缘事件,这些事件相互作用后的系统价值可使用
SFN 表示。该过程是第三层博弈,即事件间演化过程的博弈。博弈主要体现在
原因事件之间逻辑关系的不同导致结果事件的不同。任何逻辑关系都可表示为
两事件之间逻辑关系(除了"传递"关系为一一对应的情况),如以 e_a 和 e_b 两个事
件为例进行事件间博弈演化说明。需要说明的是,博弈过程往往难以确定具体
情况,只能得到可能的范围。例如,在系统价值分析中,由于存在三层博弈,特别
是考虑到事件间逻辑关系,往往存在选择策略。如果都选择有利行为,则最终得
到乐观结果;如果都选择不利行为,则得到悲观结果。因此,这里也采用这类机
制进行分析。第三层事件博弈演化关系如式(9.1)所示:

$$
\begin{cases}
e_r = \operatorname{sum}\{e_a, e_b\}, \text{乐观,悲观,"与"关系} \\
e_r = \max\{e_a, e_b\}, \text{乐观,"或"关系} \\
e_r = \min\{e_a, e_b\}, \text{悲观,"与"关系} \\
T = \Delta\{\cdots\Delta\{e_a, e_b, \cdots, e_n\}\cdots\}, e_a, e_b, \cdots, e_n \in \{e_1, \cdots, e_N\}, \\
\Delta \in \{\max, \operatorname{sum}\}, \text{乐观} \\
T = \Delta\{\cdots\Delta\{e_a, e_b, \cdots, e_n\}\cdots\}, e_a, e_b, \cdots, e_n \in \{e_1, \cdots, e_N\}, \\
\Delta \in \{\min, \operatorname{sum}\}, \text{悲观}
\end{cases}
\tag{9.1}
$$

式中　e_a, e_b——原因事件;

$\quad\ \ e_r$——结果事件,具体表示行为影响后事件价值变化量;

$\quad\ \ T$——博弈演化后的最终事件,即系统价值变化量;

$\quad\ \ n$——原因事件编号,$n = 1, \cdots, N$,其中 N 为边缘事件数量;

sum——两事件影响系统价值变化量的和；

max——两事件影响系统价值变化量的最大值；

min——两事件影响系统价值变化量的最小值。

对式(9.1)需要说明几点：在乐观情况下，如果事件或关系表示原因事件之一发生，即可导致结果事件发生，那么两原因事件情况下有 4 种可能，即 sum、max、min 和无价值变化。在两事件博弈过程中，发生其一即可导致结果发生，故两事件同时都对结果产生影响的情况几乎不可能，这时使用 max 表示。$\Delta\{e_a,e_b,\cdots,e_n\}$ 表示边缘事件的逻辑关系，从而迭代得到过程事件价值变化量和系统价值变化量。因此，T 的求解过程是一个复合迭代过程。Δ 只给出了与或逻辑关系，还有更为丰富的逻辑关系，详见柔性逻辑[135-136]；同理推导，可以得到其他逻辑关系。下面以系统价值为目标，给出结合三层博弈的系统价值分析确定过程。

(1) 了解系统，确定边缘事件 $e = \{e_1,\cdots,e_N\}$，即事件价值；同时确定过程事件 E 和最终事件 T，即系统价值。

(2) 对于每个边缘事件确定参与者的所有行为，以及对应的价值变化量(R、U、F、J、B、C)和行为概率(q_R、q_U、q_F、q_J、q_B、q_C)，形成第一层博弈。对 e_n 的价值变化量和行为概率使用上角标 n，如 R^n 或 $q_R{}^n$ 加以区分。

(3) 确定操作者和管理者行为之间博弈产生的单一边缘事件的价值变化量用 e_n 表示，如表 9.1 所列，形成第二层博弈。

(4) 确定各边缘事件之间的逻辑演化关系，形成 SFEP 的 SFN 结构，如图 9.2 所示。

(5) 确定任意两事件 e_a、e_b 在悲观和乐观策略下的后继事件价值变化量 e_r，如式(9.1)所列，形成第三层博弈。

(6) 根据 SFN 确定系统价值变化量的表达式 T，如式(9.1)所列。

最终得到考虑三层博弈的、以系统价值为目标的博弈演化过程分析方法。

9.4　实例分析

如图 9.1 所示，SFEP 形成的 SFN 较为简单。由于复杂的 SFN 由最基本的事件间关系构成，因此任何复杂网络结构都可表示为基本关系结构。为了突出方法本身且不陷入复杂网络化简过程，这里使用简单的 SFN 网络结构。执行如下分析步骤：

步骤一　确定边缘事件 $e = \{e_1,e_2,e_3,e_4\}$，过程事件 $E = \{E_1,E_2\}$，最终事件 T。其中，e 表示边缘事件价值变化量；E 表示过程事件价值变化量；T 表示系统价值变化量。

步骤二　对于 $e_{1\sim4}$，分别设置对应行为导致的价值变化量（$R^{1\sim4}=100$、$U^{1\sim4}=0$、$F^{1\sim4}=40$、$J^{1\sim4}=30$、$B^{1\sim4}=0$、$C^{1\sim4}=80$）和行为概率（$q_R^{1\sim4}=0.4$、$q_U^{1\sim4}=0.2$、$q_F^{1\sim4}=0.4$、$q_J^{1\sim4}=0.2$、$q_B^{1\sim4}=0.4$、$q_C^{1\sim4}=0.4$），以方便分析设置相同值。

步骤三　$e_{1\sim4}$ 在参与者行为影响下的事件价值变化量，如表 9.1 所列。

步骤四　该系统中各事件的博弈关系和过程，如图 9.2 所示。

步骤五和步骤六　确定系统故障过程中系统价值变化量。伪代码如下：

在乐观情况下：$T=\max\{\mathrm{sum}\{e_1,e_2\},\max\{e_3,e_4\}\}$

```
If   e₃>=e₄
      max{ e₃,e₄ }=e₃; T=max{sum{ e₁,e₂ },e₃}};
If   sum{ e₁,e₂ }>=e₃
T=sum{ e₁,e₂ };
Else   T=e₃;
Else
      max{ e₃,e₄ }=e₄; T=max{sum{ e₁,e₂ },e₄}};
If   sum{ e₁,e₂ }>=e₄
T=sum{ e₁,e₂ };
Else   T=e₄;
```

因此可得式（9.2），同理得到悲观情况 $T=\min\{\mathrm{sum}\{e_1,e_2\},\min\{e_3,e_4\}\}$ 的表达式，如式（9.3）所示。他们都代表了系统价值变化量。

$$\begin{cases} T=\mathrm{sum}\{e_1,e_2\},\mathrm{sum}\{e_1,e_2\}>e_3>e_4,\mathrm{sum}\{e_1,e_2\}>e_4>e_3 \\ T=e_3,e_3>e_4 \text{ and } e_3>\mathrm{sum}\{e_1,e_2\} \\ T=e_4,e_4>e_3 \text{ and } e_4>\mathrm{sum}\{e_1,e_2\} \end{cases} \tag{9.2}$$

$$\begin{cases} T=\mathrm{sum}\{e_1,e_2\},\mathrm{sum}\{e_1,e_2\}<e_3<e_4,\mathrm{sum}\{e_1,e_2\}<e_4<e_3 \\ T=e_3,e_3<e_4 \text{ and } e_3<\mathrm{sum}\{e_1,e_2\} \\ T=e_4,e_4<e_3 \text{ and } e_4<\mathrm{sum}\{e_1,e_2\} \end{cases} \tag{9.3}$$

例如，e_1 采用 RJ 行为，价值变化量为 5.6；e_2 采用 UB 行为，价值变化量为 0；e_3 采用 UC 行为，价值变化量为 32；e_4 采用 FB 行为，价值变化量为 -16。那么在乐观情况下，根据式（9.2），满足 $T=e_3,e_3>e_4 \text{ and } e_3>\mathrm{sum}\{e_1,e_2\}$ 条件，得 $T=32$。其意义在于，参与者各自采取 3 种行为，行为相互博弈形成单一事件价值变化量，这些事件价值变化量根据事件相互关系进行演化得到的系统价值变化量为 32。由此可见,采用上述方案后系统价值增加了 32 个单位,可作为管理者的绩效,同时也是操作者失去的利益。悲观情况下根据式(9.3),满足 $T=e_4$,$e_4 < e_3$ 和 $e_4 < \text{sum}\{e_1,e_2\}$ 条件,得到 $T=-16$。这说明在最不利情况下,管理者失职导致系统损失 16 个单位的价值,同时操作者获得了这些价值。因此,采用上述策略后,系统价值变化量为 $[-16,32]$。

进一步地,所有边缘事件对应的各参与者行为导致的价值变化量和行为概率不同时,也可使用上述方法确定最终的系统价值变化量。只是表 9.1 需要对每个边缘事件代表的价值变化量进行确定,本例中需要 4 个与表 9.1 结构相同的表。本章研究的核心在于三层博弈方案:第一层是参与者各自 3 种行为之间博弈;第二层是操作者与管理者不同行为之间博弈;第三层是事件之间在演化中的博弈,最终得到系统功能价值的变化量。从这三层了解在系统故障过程中,参与者采取不同行为后导致系统发生故障带来的系统功能价值的变化情况,为复杂情况下系统故障过程的操作和管理策略及其产生的系统价值提供分析方法。

9.5　本章小结

考虑三层博弈的系统故障过程,本章提出了操作者和管理者不同行为引起系统价值变化的分析方法。主要研究结论如下:

(1) 研究了系统故障过程中操作者和管理者行为。对于系统故障过程中的单一事件而言,操作者具有可靠行为、无行为、故障行为;管理者具有奖励行为、无行为、惩罚行为。二者各自行为选择构成了第一层博弈关系。

(2) 研究了操作者与管理者的行为博弈。就参与者的 3 种行为而言,相互交织在一起得到 9 种行为方案。给出了各行为对单一事件的价值变化量和行为概率。二者行为关系形成了第二层博弈关系。

(3) 以系统价值变化为目标,研究了多事件相互作用下的系统价值分析方法。基于 SFEP 的 SFN 表示事件间逻辑关系,从乐观和悲观角度确定了两事件价值变化量导致后继事件价值变化量的表达式;进一步得到了博弈演化后的系统功能价值变化量,并给出了方法总体分析步骤。事件之间的演化关系构成了第三层博弈关系。

(4) 借助简单故障过程实例进行了分析。分析表明乐观情况下系统价值变化量为 32,说明价值增加 32,管理者获得绩效;悲观情况下变化量为 -16,说明系统价值降低 16,管理者失职,操作者获得收益。

第 10 章　系统故障预防方案确定方法

为了在规定时间内以及规定条件下完成预定功能而建立的具有特定组织结构的整体,称为系统。相应地,将其完成功能的能力称为可靠性,而不能完成功能或功能下降称为故障。围绕系统功能目标,系统功能状态总是在可靠状态和故障状态间变化。系统的建立者总是希望系统能保持在可靠状态不发生故障,但建立者的对立面则希望系统变为故障状态,从而破坏系统使己方受益。因此,可考虑将系统、系统建立者和对立者组成更大的系统,研究二者对系统不同行为作用后系统功能状态的变化。总体而言,建立者采取预防措施来抵御系统可能受到的异常行为作用;对立者则通过已知的对系统的了解从系统外部因素调整作用到系统内部,使系统变为故障状态。当然,充当对立者角色的有自然因素和人为因素,自然因素是系统本身的功能特性,人为因素则大多带有目的性,对建立者利益造成损失,本章对后者展开研究。进一步地,建立者行为使系统保持可靠状态,对立者行为使系统变为故障状态,这显然是建立者和对立者围绕系统功能状态的博弈过程。

关于系统安全及故障方面的博弈研究报道不多,但近两年相关研究报道逐渐增加。这些研究成果在各自领域发挥了积极作用,并形成了一些具有独特作用的模型。进一步细化,无论是系统建立者,还是系统使用者,其行为都以预防系统故障为目的,可以统称为预防者;而对立者或破坏者,其行为都以引起系统故障为目的,可以统称为引起者。那么,上述研究需要面对的问题包括:引起者和预防者的行为如何确定;引起者和预防者有怎样的博弈方式;故障指标确定及行为对故障的影响权重等。

综上所述,文献[151]提出了 SFN-NADG 模型解决系统故障预防方案确定问题。SFN 提供可能的引起行为和预防行为,并提供系统故障指标。NADG[152]则用于构建引起者和预防者的博弈过程,并根据需要进行了适当修改。本章研究内容包括:系统故障的形成机理、引起和预防系统故障的行为、

SFN-NADG 模型建立及实例分析,最终得到了预防方案选择的一般规律。

10.1 系统故障的形成机理

引起系统故障的主体(引起者)与预防系统故障的主体(预防者)在考虑各自行为及成本后,通过外部因素对系统内部因素采取干扰和调整,这些行为符合 SFEP,而引起或预防系统故障发生的过程是引起者和预防者围绕系统故障变化展开的博弈过程。因此,引起者、预防者和系统组成了一个更大的系统,如图 10.1 所示。

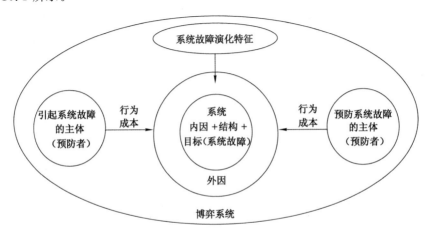

图 10.1 博弈系统示意图

以系统故障变化为目标的博弈系统由系统和参与者组成,参与者包括引起者和预防者。引起者根据对系统的了解,通过对应行为调整外因,外因与系统内因作用,使系统按照 SFEP 的特征向着发生故障的方向发展。对应的预防者根据对系统的了解,通过对应行为调整外因,外因与系统内因作用,使系统按照 SFEP 的特征向着不发生故障的方向发展。因此,引起者引起系统故障,对系统实施引起故障的引起行为;预防者预防系统故障,对系统实施预防故障发生的预防行为。引起者对系统的行为成功引起系统故障后获得引起收益,同时这些行为也需要引起者投入引起成本。预防者对系统的行为成功预防系统故障后获得预防收益,同时这些行为也需要预防者投入预防成本。根据空间故障树理论给出的思想,系统具有各方面的特征和目的,比如系统可靠和故障。对于系统故障变化,系统受到很多因素影响,这些因素与系统不同部分的作用效果不同。系统对因素变化的响应构成了因素与系统故障的对应关系结构,因此系统内部包括目标、内因和结构。系统建成后结构固定,在目标确定时引起系统故障的直接原因即为内因。内因与系统之外的外因直接相关,如温度影响系统中元件电阻。参与者双方通过调整外因对内因作用,使系统故障状态发生改变。系统故障发生不是一蹴而就的,而是系统中众多事件的相互作用称为 SFEP。SFEP 由事件和传递构成,它们代表了 SFEP 的所有特征。参与者双方采取不同行为,根据 SFEP 的特征对系统故障状态进行调控,从而引起或预防系统故障。最终引起者和预防者组成了以系统故障变化为目标的博弈系统。

10.2　引起和预防系统故障的行为

为清楚的说明问题,首先给出应用实例 SFEP 的 SFN,如图 10.2 所示。

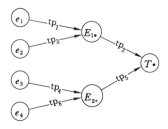

图 10.2　实例 SFEP 的 SFN

图 10.2 的组成包括事件和传递。其中,事件包括边缘事件、过程事件和最终事件。边缘事件代表引起系统故障过程的最基本事件,如 $e_{1\sim4}$;过程事件是 SFEP 中的中间和过度事件,如 $E_{1\sim2}$;最终事件是 SFEP 最后的系统故障事件,也是 SFEP 的最终结果,如 T。过程事件和最终事件下角标的"·"和"+"代表的原因事件分别以与或逻辑关系导致结果事件发生。"·"为原因事件都发生,则结果事件发生;"+"为原因事件至少 1 个发生,则结果事件发生。图 10.2 中的有向线段表示传递,由原因事件向结果事件传递,传递的概率称为传递概率,如 $tp_{1\sim6}$,表示原因事件导致结果事件的概率。

由图 10.2 可知,引起行为作用于边缘事件效率最高,直接导致边缘事件发生,进而通过 SFEP 造成最终事件 T 的发生。预防者由于对引起者的行为未知只能采取全面的预防方案,而预防行为包括对边缘事件发生和事件状态传递的预防。因此,在 SFEP 中,由边缘事件如何导致最终事件发生是首要研究问题。

用 SFN 表示 SFEP,根据 SFN 结构化简方法[54,132-134,152],得到系统故障表达式,如式(10.1)所列:

$$T = (e_1 \mathrm{tp}_1 e_2 \mathrm{tp}_3 \mathrm{tp}_2) \times (e_3 \mathrm{tp}_4 + e_4 \mathrm{tp}_6) \times \mathrm{tp}_5$$
$$= e_1 \mathrm{tp}_1 e_2 \mathrm{tp}_3 \mathrm{tp}_2 e_3 \mathrm{tp}_4 \mathrm{tp}_5 + e_1 \mathrm{tp}_1 e_2 \mathrm{tp}_3 \mathrm{tp}_2 e_4 \mathrm{tp}_6 \mathrm{tp}_5 \quad (10.1)$$

由式(10.1)可知,导致 T 发生可通过两种方式,即 $e_1 \mathrm{tp}_1 e_2 \mathrm{tp}_3 \mathrm{tp}_2 e_3 \mathrm{tp}_4 \mathrm{tp}_5$ 和 $e_1 \mathrm{tp}_1 e_2 \mathrm{tp}_3 \mathrm{tp}_2 e_4 \mathrm{tp}_6 \mathrm{tp}_5$。其中,$e_{1\sim4}$ 表示事件非变量;$\mathrm{tp}_{1\sim6}$ 表示传递概率为变量。进一步地,对于引起者,由于只能通过外部因素引起边缘事件发生,而对内部演化过程无法控制,因此引起行为作用对象为包括 e_1、e_2、e_3、e_4。在不引起歧义时行为对象 $e_{1\sim4}$ 和 $\mathrm{tp}_{1\sim6}$ 等效为行为。那么,T 发生的引起行为的集合 $\{e_1, e_2, e_3\}$ 和 $\{e_1, e_2, e_4\}$。相应地,预防者的预防行为很多 e_1、e_2、e_3、e_4、tp_1、tp_2、tp_3、tp_4、tp_5、tp_6。预防 T 发生的预防行为方案也很多,包括 tp_5 的所有行为集合都可以,即 $\{ \mathrm{tp}_5, \blacktriangle \}$,$\blacktriangle = \{\bigcirc, \bullet\}$,$\bigcirc \subseteq \{e_1, \mathrm{tp}_1, e_2, \mathrm{tp}_3, \mathrm{tp}_2, e_3, \mathrm{tp}_4\}$,$\bullet \subseteq \{e_1, \mathrm{tp}_1, e_2, \mathrm{tp}_3, \mathrm{tp}_2, e_4, \mathrm{tp}_6\}$。过程事件是过渡的,不参与其中,通过传递概率实现传递。需要说明的是,上述 e_1、e_2、e_3、e_4、tp_1、tp_2、tp_3、tp_4、tp_5、tp_6 不代表行为,而是行为的作用对象,行为可使 e_1、e_2、e_3、e_4 发生或不发生,可使 tp_1、tp_2、tp_3、tp_4、tp_5、tp_6 提高或降低。当然,具体的多个行为都可导致 e_1 发生,这在研究中将归结为一个引起 e_1 发生的行为,其他同理。

上述研究是引起者的引起行为和预防者的预防性为的确定方法,为接下来通过 SFN-NADG 模型确定对引起方案有效的预防方案提供可能的各种引起行为和预防行为。

10.3　SFN-NADG 模型

网络攻击博弈模型(NADG)于在 2020 年提出[152],是一种针对军事信息网络的攻防对抗过程进行建模的方法。该模型可研究多个攻击参与者和多个防御参与者针对系统安全性展开的博弈过程。这里引入基本模型、行为收益确定和预防策略选择等策略,并根据研究问题进行了修改。下面进一步提出 SFN-NADG 模型用于系统故障预防方案的选择与确定。

10.3.1　基本模型

SFN-NADG 包括 5 个基本要素:

(1)参与者:试图引起系统故障的引起者 Y 和试图预防系统故障的预防者 X。

（2）参与者类型集合：引起者的类型集合 $YL = \{YL_1, \cdots, YL_n\}$，$n$ 为类型总数；预防者的类型集合 $XL = \{XL_1, \cdots, XL_m\}$，$m$ 为类型总数。

（3）参与者行为方案集合：$A = \{A_1, \cdots, A_k\}$ 表示引起者的方案集合，k 为方案总数，$A_k = \{A_k(\varphi(e))\}$ 表示引起方案为 A_k 时的引起行为集合，$\varphi(e) \subseteq EE$，EE 为边缘事件集合；$D = \{D_1, \cdots, D_g\}$ 表示预防者的预防方案集合，g 为方案总数，$D_g = \{D_g(\varphi(e, \mathrm{tp}))\}$ 表示预防方案为 D_g 时的预防行为集合，$\varphi(e, \mathrm{tp}) \subseteq EE \bigcup TP$，$TP$ 为传递集合。

（4）参与者先经验概率：引起者猜测预防者各预防行为的实施概率，$YP = \{YP(XL_i \mid YL_j) \mid 1 \leqslant i \leqslant m, 1 \leqslant j \leqslant n, \sum\limits_{j=1}^{n} YP(XL_i \mid YL_j) = 1\}$；预防者猜测引起者各引起行为的实施概率，$XP = \{XP(YL_i \mid XL_j) \mid 1 \leqslant i \leqslant m, 1 \leqslant j \leqslant n, \sum\limits_{i=1}^{m} XP(YL_j \mid XL_i) = 1\}$。

（5）参与者收益与成本：YL_j 类型的引起者采取 A_k 的引起方案，同时预防者采取 D_g 的预防方案后，引起者的收益 $YM(YL_j, A_k, D_g)$ 及成本 $YC(YL_j, A_k, D_g)$；XL_i 类型的预防者采取 D_g 的预防方案，同时引起者采取 A_k 的引起方案后，预防者的收益 $XM(XL_i, A_k, D_g)$ 和成本 $XC(YL_j, A_k, D_g)$。

（6）故障指标：借助 SFT 中的系统可靠性运动规律描述方法，提出使用功能性、容错性和阻碍性衡量系统及各事件完成预定功能的能力[153]。功能性 S_1 表示事件对应的对象能完成预定功能的能力；容错性 S_2 表示事件对应对象在收到错误数据和指令情况下完成预定功能的能力；阻碍性 S_3 表示事件对应对象在受到异常影响后保护完成预定功能的能力，详见文献[153]。那么，在 SFEP 中，故障指标 $S = \{S_1, S_2, S_3\}$。这些指标对系统故障的影响值 $M = \{M_1, M_2, M_3\}$。

（7）引起行为影响权重：参照故障指标，引起行为对功能性、容错性和阻碍性的影响权重 $W = \{W_1, W_2, W_3\}$。

（8）设引起行为成功引起事件发生（对象故障）的概率为 α；引起行为被发现的概率为 β；预防成功概率为 γ。

（9）设引起者成功引起系统故障后得到引起收益；预防者无论成功还是失败预防系统故障都将具有预防收益。具体论证见文献[152]，这里不做赘述。

10.3.2　行为收益确定

引起行为 $A_h \in A_k(\varphi(e))$ 对系统故障指标的负面影响期望值 $E_{Ah}(S)$，如式（10.2）所列：

$$E_{Ah}(S) = (1 - \beta_h \gamma_q) W_{Ah} M_{Ah} \tag{10.2}$$

式中　β_h——序号 h 的引起行为发现概率；

　　　γ_q——序号 q 的引起行为被预防的概率；

　　　W_{Ah},M_{Ah}——引起行为 A_h 对故障的影响权重和系统故障的影响值。

实施引起行为 A_h 后的引起者收益 YM_{Ah} 如式（10.3）所列：

$$YM_{Ah} = \sum (1 - \beta_h \gamma_q) W_{Ah} M_{Ah} - YC_{Ah} \tag{10.3}$$

式中　YC_{Ah}——实施引起行为 A_h 的成本。

预防成功时产生的系统故障影响期望值 E_{Dq} 如式（10.4）所列：

$$E_{Dq}(S) = \beta_h \gamma_q W_{Ah} M_{Ah} \tag{10.4}$$

式中，$D_q \in D_g(\varphi(e,\text{tp}))$。

预防失败时产生的系统故障影响期望值 E_{Dq} 如式（10.5）所列：

$$E_{Dq}(S) = \zeta_q E_{Ah}(S) \tag{10.5}$$

式中　ζ_q——$E_{Dq}(S)$ 与 $E_{Ah}(S)$ 的关系因子。

预测者实施预测行为 D_q 后的收益如式（10.6）所列：

$$XM_{Dq} = \sum ((\zeta_q(1 - \beta_h \gamma_q) + \beta_h \gamma_q) \times W_{Ah} M_{Ah} - XC_{Dq}) \tag{10.6}$$

式中　XC_{Dq}——实施引起行为 D_q 的成本。

引起者与预防者采用 A_k 和 D_g 行为作用于系统时，引起收益和预防收益分别如式（10.7）式（10.8）所列：

$$YM(YL_j,A_k,D_g) = \sum \sum (\sum (1 - \beta_h \gamma_q) W_{Ah} M_{Ah} - YC_{Ah}),$$
$$1 \leqslant h \leqslant l, 1 \leqslant q \leqslant r \tag{10.7}$$

式中　l——引起行为总数；

　　　r——预防行为总数。

$$XM(XL_i,A_k,D_g) = \sum \sum (\sum (\zeta_q(1 - \beta_h \gamma_q) + \beta_h \gamma_q) \times W_{Ah} M_{Ah} - XC_{Dq}),$$
$$1 \leqslant h \leqslant l, 1 \leqslant q \leqslant r \tag{10.8}$$

10.3.3　综合预防方案选择

基于纳什均衡博弈考虑，引起者以 $A_{k1} \in A$ 为方案，选择某一类型的概率是 $p_{k1}(YL_j)$，$1 \leqslant k_1 \leqslant k$，$0 \leqslant p_{k1}(YL_j) \leqslant 1$ 且 $\sum p_{k1}(YL_j) = 1$，k_1 为引起方案编号，则 YL_j 的引起方案各概率可表示为 $P(YL_j) = \{ p_1(YL_j),\cdots,p_k(YL_j)\}$；相应地，预防方案各概率 $P(XL_i) = \{ p_1(YL_i),\cdots,p_g(YL_i)\}$。如果满足式（10.9），则 $(P(YL_j),P(XL_i))$ 为贝叶斯纳什均衡[1]。

$$\begin{cases} \sum YD(XL_i \mid YL_j)YM(YL_j, P(YL_j), P(XL_i)) \\ \geqslant \sum YD(XL_i \mid YL_j)YM(YL_j, P(YL_j), P(XL_i)), \\ \quad XL_i \in XL, 1 \leqslant i \leqslant m \\ \sum XD(YL_j \mid XL_i)XM(XL_i, P(YL_j), P(XL_i)) \\ \geqslant \sum XD(YL_j \mid XL_i)XM(XL_i, P(YL_j), P(XL_i)), \\ \quad YL_j \in YL, 1 \leqslant j \leqslant n \end{cases} \tag{10.9}$$

式(10.9)的求解公式较为繁杂,请读者参考文献[152],这里不做赘述。在纳什均衡条件下,预防方案 D_g 对引起方案 A_{k1} 的预防能力计算如式(10.10)所列,构成综合预防方案的排序标准。

$$R(D_g, A_{k1}) = (\sum XD(YL_j \mid XL_i)) \times (\sum XM(XL_i, A_{k1}(YL_j), D_g)P(XL_i)) \tag{10.10}$$

SFN-NADG 是基于 NADG 的方法,SFN 主要处理系统故障特征的基础数据,在此之上使用 NADG 确定系统故障预防方案。具体的系统故障预防方案确定步骤、算法复杂度分析和与现有方法的比较工作在文献[152]中已详细给出,这里不做赘述。

10.4　实 例 分 析

图 10.2 为 SFEP 的 SFN。根据 10.2 节所述,引起者试图使系统发生故障。按照 SFEP 的特征,引起方案可有两种:一是同时采取引起行为分别作用于 e_1、e_2、e_3,并使它们发生;二是同时采取引起行为分别作用于 e_1、e_2、e_4,并使它们发生。以上 2 种引起方案可导致系统故障 $A = \{\{e_1, e_2, e_3\}, \{e_1, e_2, e_4\}\}$。由于该例中涉及的引起方案只有两个,因此不划分引起类型。当然,引起方案数量与 SFN 结构有密切关系。

预防者的预防行为构成的预防方案很多,但与引起类型对应,也不划分预防类型。预防方案由预防事件发生的行为和预防传递发生的行为组成。预防 tp_5 的传递是最简单的预防行为,可直接阻止系统故障放生;其余方案理论上至少要具有两个行为,一是阻止 $e_1 tp_1 e_2 tp_3 tp_2 e_3 tp_4$ 的 SFEP 发生;二是阻止 $e_1 tp_1 e_2 tp_3 tp_2 e_4 tp_6$ 的 SFEP 发生。因此,该方案为 $\blacktriangle = \{\bigcirc, \bullet\}$,$\bigcirc \subseteq \{e_1, tp_1, e_2, tp_3, tp_2, e_3, tp_4\}$,$\bullet \subseteq \{e_1, tp_1, e_2, tp_3, tp_2, e_4, tp_6\}$。进一步地,$\{e_1, tp_1, e_2, tp_3, tp_2\}$ 都存在于 2 个演化过程中,故 1 个行为的预防方案包括 $\{\{tp_5\}, \{e_1\},$

$\{tp_1\},\{e_2\},\{tp_3\},\{tp_2\}\}$，2 个行为的预防方案$\{\{\,e_3,e_4\},\{e_3,tp_6\},\{tp_4,e_4\},$ $\{tp_4,tp_6\}\}$，3 个行为的预防方案$\{\{\,e_3,tp_4,e_4\},\{e_3,tp_4,tp_6\},\{tp_4,e_4,tp_6\},\{\,e_3,$ $e_4,tp_6\}\}$，4 个行为的预防方案为$\{\,e_3,e_4,tp_4,tp_6\}$，共 15 个预防方案。

由此形成 2 种引起系统故障方案与 15 种预防系统故障方案组成的 30 种综合预防方案。通过 SFN-NADG 模型，并结合该系统已有数据经验，得到各综合预防方案的预防能力排序，对于$\{e_1,e_2,e_3\}$：$R(\{e_1\},\{e_1,e_2,e_3\}) > R(\{e_2\},\{e_1,e_2,$ $e_3\}) > R(\{tp_1\},\{e_1,e_2,e_3\}) > R(\{tp_3\},\{e_1,e_2,e_3\}) > R(\{tp_2\},\{e_1,e_2,e_3\}) >$ $R(\{tp_5\},\{e_1,e_2,e_3\}) > R(\{e_3,e_4\},\{e_1,e_2,e_3\}) > R(\{tp_4,e_4\},\{e_1,e_2,e_3\}) >$ $R(\{e_3,tp_6\},\{e_1,e_2,e_3\}) > R(\{tp_4,tp_6\},\{e_1,e_2,e_3\}) > R(\{e_3,tp_4,e_4\},\{e_1,e_2,$ $e_3\}) > R(\{e_3,e_4,tp_6\},\{e_1,e_2,e_3\}) > R(\{e_3,tp_4,tp_6\},\{e_1,e_2,e_3\}) > R(\{tp_4,e_4,$ $tp_6\},\{e_1,e_2,e_3\}) > R(\{e_3,e_4,tp_4,tp_6\},\{e_1,e_2,e_3\})$。对于$\{e_1,e_2,e_4\}$：$R(\{e_1\},$ $\{e_1,e_2,e_4\}) > R(\{e_2\},\{e_1,e_2,e_4\}) > R(\{tp_1\},\{e_1,e_2,e_4\}) > R(\{tp_3\},\{e_1,e_2,$ $e_4\}) > R(\{tp_2\},\{e_1,e_2,e_4\}) > R(\{tp_5\},\{e_1,e_2,e_4\}) > R(\{e_3,e_4\},\{e_1,e_2,e_4\}) >$ $R(\{tp_6,e_4\},\{e_1,e_2,e_4\}) > R(\{e_3,tp_4\},\{e_1,e_2,e_4\}) > R(\{tp_4,tp_6\},\{e_1,e_2,e_4\}) >$ $R(\{e_3,tp_6,e_4\},\{e_1,e_2,e_4\}) > R(\{e_3,e_4,tp_4\},\{e_1,e_2,e_4\}) > R(\{e_4,tp_4,tp_6\},$ $\{e_1,e_2,e_4\}) > R(\{tp_4,e_3,tp_6\},\{e_1,e_2,e_4\}) > R(\{e_3,e_4,tp_4,tp_6\},\{e_1,e_2,e_4\})$。需要说明的是，上述以事件和传递代替了他们的行为符号，以使表达清晰。

由上述分析可总结出几个综合预防方案的排序规律：

① 预防事件发生的行为较预防传递发生的行为的预防能力更高；

② 预防发生的行为越少综合预防方案的预防能力越高；

③ 对应引起事件发生行为的传递预防行为存在时综合预防方案的预防能力提高。

当然，上述结果也与 SFN 结构、参与者先经验数据和概率等有关。进一步 SFN-NADG 的性质研究有待研究人员展开。

10.5　本章小结

本章将 SFN 与 NADG 模型进行了耦合，建立了系统故障预防方案确定方法，即 SFN-NADG 模型。

（1）论述了系统故障的形成机理。引起者和预防者在考虑各自行为及成本后通过外在因素对系统内在因素干扰和调整，并引起或预防系统故障发生的过程，是围绕系统故障变化展开的博弈过程。

（2）分析了引起和预防系统故障的行为。利用 SFN 表示和化简 SFEP，将可能导致系统故障的过程表示为事件和传递的集合。若引起这些事件发生，则系统向着故障发展；若预防事件和传递发生，则系统向着安全发展。这些是 SFN-NADG 中可能的引起行为和预防行为的数据来源。

（3）建立了 SFN-NADG 模型。以 SFN 为可能的引起和预防行为来源，以 NADG 方法过程为基础，通过修改得到了 SFN-NADG 模型，包括基本模型、行为收益确定、综合预防方案选择。

（4）通过实例验证了方法的可用性，得到了实例 SFEP 中 2 种引起方案和 15 种预防方案，组合形成了 30 种综合预防方案。通过 SFN-NADG 对综合预防档案进行了排序，并得到了一些定性排序规律。

虽然方法存在着不足且计算所得具体数值只有排序意义，但是可以对多引起方案与多预防方案的组合综合预防方案进行预防能力排序，进而择优选择综合的预防方案。

第 11 章　结论和展望

11.1　结　　论

本书重点研究了系统故障演化过程中的博弈现象,同时利用作者提出的空间故障网络理论描述了系统故障演化过程;基于此,建立了演化中博弈现象的抽象方法与数学模型。本书研究成果和结论具体如下:

第 2 章:基于突变级数法和改进 AHP,提出了系统故障状态确定方法。该方法具体包括:确定 SFEP 和各种事件,将其表示为 SFN 并转化为经典故障树结构;设定各故障状态等级和各边缘事件分值;根据改进 AHP 计算故障树中各层各事件权重。突变级数法的作用:计算各层各事件分值和重要度确定上层事件分值;转换等级范围;计算边缘事件权重和归一化权重;确定系统故障状态等级。

第 3 章:研究了动态故障模式识别方法的可行性,给出了两种情况下的动态故障模式识别方法。在多种因素影响下,本章以单一因素对故障数量的影响为基础并借助特征函数进行样本模式识别,以多因素联合作用对故障数量的影响为基础并借助故障分布进行样本模式识别。通过这两种方法计算关联度和识别度,最终实现通过故障标准模式识别故障样本模式的目标。

第 4 章:研究了具有网络结构的指标中因素之间的特征和权重关系,建立了一种具有层次结构和网络特征联系的因素权重确定方法。本章还介绍了权重确定方法的定义和步骤,定义了指标评价系统。该方法考虑了指标系统中的网络结构和各因素之间的相互影响特征。与 ANP 相比,该方法是线性分析,无须计算超矩阵及超矩阵极限。考虑到实际数据和专家打分,使用 AHP 或熵权法等得到上层因素的不同出度权重,进而从结构和经验数据两个方面确定下层各因素权重。

第5章：提出了因素主客观综合权重确定方法，介绍了主客观分析的特点和关系。对于系统而言，主客观分析一般应同时存在，只是各阶段和侧面的主导地位不同。该方法具体步骤包括：熟悉系统并确定影响因素；确定各因素变化范围组成研究域；确定 AHP 主观权重；确定系统基本部分或元件得到系统最简结构式；确定元件对各因素的特征函数；构造元件故障概率分布；形成系统故障概率分布；对系统故障概率分布就不同因素求导获得概率变化分布；对故障概率变化分布在研究域内积分得到客观权重并归一化；组成主客观综合权重向量；根据博弈论转化为线性方程；最终得到因素的主客观综合权重。

第6章：提出了系统故障抑制措施成本效益分析方法。该方法具体步骤包括：确定 SFN 中所有边缘事件发生概率和传递概率；确定最终事件损失及抑制各过程事件和传递的成本；依次去掉过程事件和传递形成抑制后的 SFN；计算形成的所有 SFN 结构函数；将相同结构的结构函数分类；将边缘事件和传递概率带入结构函数计算系统最终事件发生概率；最终确定抑制措施带来的效益。研究表明该方法对过程事件的抑制效益明显高于对传递抑制的效益。通过该方法对所有可能的抑制系统故障的措施按照产生的效益排序，进而选择效益最大的措施。

第7章：研究了操作者和管理者行为的博弈过程及其收益。根据博弈逻辑关系，基于 SFN 的事件间逻辑关系，采用悲观和乐观两个角度研究事件间相互作用后的收益关系，并给出了悲观和乐观情况下操作者收益和管理者收益的与或逻辑表达式。使用 SFN 表示演化过程，得到系统层面的操作者和管理者的博弈演化过程表达式和博弈演化过程收益表达式，最终判断胜出者。

第8章：研究了操作者和管理者组成的博弈系统的综合收益。在系统中，各事件操作者和管理者都有概率采取不同行为导致各事件综合收益变化，进而在博弈演化过程中导致系统收益变化。具体内容包括：确定基本参数与事件综合收益关系；化简事件综合收益表达式；重新组合表达式得到各基本参数在事件综合收益中出现的概率；从概率角度确定操作者和管理者行为在事件综合收益中的作用。根据博弈过程的博弈逻辑关系，以管理者的悲观和乐观角度出发，确定了管理者和操作者行为得到的多个事件综合收益与后继事件收益的逻辑关系。

第9章：提出了三层博弈演化系统价值分析方法。首先，考虑系统故障过程中操作者和管理者行为，二者各自行为选择构成了第一层博弈关系。其次，考虑操作者与管理者的行为博弈，计算了各行为对单一事件的价值变化量和行为概率，二者行为关系形成了第二层博弈关系。最后，以系统价值变化为目标，研究了多事件相互作用下的系统价值分析方法，事件之间的演化关系构成了第三层博弈关系。

第 10 章：提出了系统故障预防方案确定方法。首先，介绍了系统故障的形成机理，引起者和预防者在考虑各自行为及成本后，通过外在因素对系统内在因素进行干扰和调整，而引起或预防系统故障发生的过程，是围绕系统故障演化展开的博弈过程。其次，分析了引起和预防系统故障的行为，引起这些事件发生，则系统向着故障发展；预防事件和传递发生，则系统向着安全发展。最后，基于该思路，本章建立了 SFN-NADG 模型，以 SFN 为基础得到可能的引起和预防故障的行为，从而改进 NADG 最终形成 SFN-NADG 模型。

11.2　展　　望

空间故障树理论目前分为 4 个部分，包括：空间故障树理论基础、智能化空间故障树、空间故障网络、系统运动空间与系统映射论。

空间故障树理论基础用于研究系统可靠性与影响因素的关系，主要通过解析手段表示故障数据并构建特征函数。其基本思路为系统工作于环境之中，由于组成系统的物理元件或事件特性随因素值的不同而不同，那么由这些元件或事件组成的系统在不同因素影响下的可靠性变化和故障过程更为复杂。空间故障树理论基础是空间故障树理论框架的基础，其发展将集中于研究适合各类故障数据的特征函数，以拓宽空间故障树理论的研究基础。

随着研究的深入，发现可靠性与影响因素关系确定的前提是对故障数据的有效处理。但系统故障数据量较大，传统方法难以适应大数据量级的故障数据处理；同时，数据处理方法也难以适合安全科学和系统工程领域对故障数据处理的需要。为此，借助云模型、因素空间和系统稳定性理论进行了空间故障树的智能化改造，形成了空间故障树理论的第二阶段智能化空间故障树。本书主要引入智能理论和数据处理方法来改造空间故障树的特征函数，研究了非解析手段的故障数据表示方法，同时增加因果逻辑推理能力。其发展重点是与智能和数据科学和技术结合，以使空间故障树具有逻辑推理和故障大数据处理能力。

面对实际故障过程，由于影响因素、故障数据及演化过程的不同导致各类自然系统灾害和人工系统故障具有多样性，缺乏系统层面普适的系统故障演化过程抽象和分析方法，给研究和防治系统故障带来了巨大困难。为实现系统故障演化过程的描述、分析和干预，在上述研究基础上提出了空间故障网络，作为空间故障树理论发展的第三阶段。空间故障网络较空间故障树可处理更为普遍的问题，空间故障树可视为空间故障网络的特例。因此，空间故障网络理论是目前和今后本理论体系的研究重点。

更深层次的系统可靠性或故障演化不是静态的,而是不断变化的过程。将系统可靠性或安全性变化抽象为系统运动,研究其运动规律成为关键问题。系统运动指系统受到刺激,系统的形态、行为、结构、表现等的变化。因此,在研究系统运动之前,需要解决的问题包括系统变化的描述、动力、表现、度量等。这些问题是研究系统运动的最基本问题,其解决涉及众多领域,包括安全科学、智能科学、大数据科学、系统科学和信息科学等。在借鉴汪培庄教授和钟义信教授提出的因素空间理论和信息生态方法论基础上,结合作者提出的空间故障树理论,初步地实现了系统运动的描述和度量,即系统运动空间及系统映射论。系统运动空间描述系统运动的度量,系统映射论描述系统运动过程中的因素流和数据流的对应关系。这部分是未来研究的重点。

另外,围绕空间故障网络理论和系统故障演化过程也派生出了一些研究分支。例如,本书介绍的系统故障演化过程中的博弈现象研究就是其中之一。它包括了基于量子力学的系统故障演化研究、基于流形学的演化研究、柔性逻辑对演化逻辑的研究等。

系统故障演化是所有系统本身的固有特征。系统存在的意义可以通过故障演化过程中的系统功能性衡量。因此,这些研究在任何可以称之为系统的事物中都能发挥作用。

最后,希望对此感兴趣的专家、学者能共同参与研究,为我国建立原创的科学理论体系作出应有的贡献!

参 考 文 献

[1] LEVESON N G. Engineering a safer world[M]. Massachusetts：The MIT Press，2012.

[2] 南希·莱文森.基于系统思维构筑安全系统[M].唐涛，牛儒，译.北京：国防工业出版社，2015.

[3] LEVESON N G. Safety analysis in early concept development and requirements generation[J]. INCOSE international symposium，2018，28（1）：441-455.

[4] NATHANIEL ARTHUR PEPER. Systems thinking applied to automation and workplace safety[M]. Massachusetts：The MIT Press，2007.

[5] 李莎莎，崔铁军.空间故障网络中单向环转化与事件发生概率计算[J].安全与环境学报，2020，20（2）：457-463.

[6] 崔铁军.空间故障树理论研究[D].阜新：辽宁工程技术大学，2015.

[7] SMITH R. F-35 fighter jet more problematic and costly than ever imagined-air force secretary[S/OL]. （2015-07-15）[2022-08-15]. https：//www.rt.com/usa/311126-f-35-problems-extremely-expensive/. 2015.7.

[8] 吴海涛.非正常条件下高铁列车调度指挥人因可靠性研究[D].成都：西南交通大学，2014.

[9] PARKE S K, HODKIEWIC Z M, MORRISO N D. The role of organizational factors in achieving reliability in the design and manufacture of subsea equipment[J]. Human factors and ergonomics in manufacturing & service industries，2012，22（6）：487-505.

[10] 聂银燕，林晓焕.基于SDG的压缩机故障诊断方法研究[J].微电子学与计算机，2013，30（3）：140-142.

[11] 崔铁军，李莎莎，王来贵，等.煤（岩）体埋深及倾角对压应力型冲击地压的

影响研究[J].计算力学学报,2018,35(6):719-724.

[12] 孙兆涛.抚顺西露天矿北帮地质灾害发展规律及其环境影响[D].长春:吉林大学,2015.

[13] 李莎莎.空间故障树理论改进研究[D].阜新:辽宁工程技术大学,2018.

[14] 崔铁军,马云东.多维空间故障树构建及应用研究[J].中国安全科学学报,2013,23(4):32-37.

[15] CUI T J,LI S S. Deep learning of system reliability under multi-factor influence based on space fault tree[J]. Neural computing and applications,2019,31(9):4761-4776.

[16] 崔铁军,马云东.连续型空间故障树中因素重要度分布的定义与认知[J].中国安全科学学报,2015,25(3):23-28.

[17] 崔铁军,马云东.空间故障树的径集域与割集域的定义与认识[J].中国安全科学学报,2014,24(4):27-32.

[18] 崔铁军,马云东.基于多维空间事故树的维持系统可靠性方法研究[J].系统科学与数学,2014,34(6):682-692.

[19] 崔铁军,马云东.基于空间故障树理论的系统故障定位方法研究[J].数学的实践与认识,2015,45(21):135-142.

[20] 崔铁军,马云东.基于 SFT 和 DFT 的系统维修率确定及优化[J].数学的实践与认识,2015,45(22):140-150.

[21] 崔铁军,马云东.考虑范围属性的系统安全分类决策规则研究[J].中国安全生产科学技术,2014,10(11):5-9.

[22] 崔铁军,马云东.DSFT 的建立及故障概率空间分布的确定[J].系统工程理论与实践,2016,36(4):1081-1088.

[23] 崔铁军,马云东.离散型空间故障树构建及其性质研究[J].系统科学与数学,2016,36(10):1753-1761.

[24] 崔铁军,马云东.DSFT 中因素投影拟合法的不精确原因分析[J].系统工程理论与实践,2016,36(5):1340-1345.

[25] CUI T J,LI S S. Study on the construction and application of discrete space fault tree modified by fuzzy structured element[J]. Cluster computing,2019,22(3):6563-6577.

[26] 崔铁军,马云东.DSFT 下模糊结构元特征函数构建及结构元化的意义[J].模糊系统与数学,2016,30(2):144-151.

[27] 崔铁军,马云东.SFT 下元件区域重要度定义与认知及其模糊结构元表示[J].应用泛函分析学报,2016,18(4):413-421.

[28] 崔铁军,李莎莎,马云东,等.基于 ANN 求导的 DSFT 中故障概率变化趋势研究[J].计算机应用研究,2017,34(2):449-452.

[29] 崔铁军,汪培庄,马云东.01SFT 中的系统因素结构反分析方法研究[J].系统工程理论与实践,2016,36(8):2152-2160.

[30] 崔铁军,马云东.因素空间的属性圆定义及其在对象分类中的应用[J].计算机工程与科学,2015,37(11):2169-2174.

[31] 崔铁军,马云东.基于因素空间中属性圆对象分类的相似度研究及应用[J].模糊系统与数学,2015,29(6):56-63.

[32] LI S S,CUI T J,LIU J. Study on the construction and application of cloudization space fault tree [J]. Cluster computing, 2019, 22（3）: 5613-5633.

[33] 李莎莎,崔铁军,马云东,等.SFT 下的云化概率和关键重要度分布的实现与研究[J].计算机应用研究,2017,34(7):1971-1974.

[34] 李莎莎,崔铁军,马云东,等.SFT 下的云化故障概率分布变化趋势研究[J].中国安全生产科学技术,2016,12(3):60-65.

[35] 崔铁军,李莎莎,马云东,等.SFT 下云化因素重要度和因素联合重要度的实现与认识[J].安全与环境学报,2017,17(6):2109-2113.

[36] 崔铁军,李莎莎,马云东,等.云化元件区域重要度的构建与认识[J].计算机应用研究,2016,33(12):3569-3572.

[37] 崔铁军,李莎莎,马云东,等.云化 SFT 下的径集域与割集域的重构与研究[J].计算机应用研究,2016,33(12):3582-3585.

[38] LI S S,CUI T J,LI X S,et al. Construction of cloud space fault tree and its application of fault data uncertainty analysis[C]//2017 International Conference on Machine Learning and Cybernetics（ICMLC）. July 9-12, 2017. Ningbo,China. New York,United States:IEEE,2017:195-201.

[39] 李莎莎,崔铁军,马云东,等.SFT 中因素间因果概念提取方法研究[J].计算机应用研究,2017,34(10):2997-3000.

[40] 李莎莎,崔铁军,马云东,等.SFT 中故障及其影响因素的背景关系分析[J].计算机应用研究,2017,34(11):3277-3280.

[41] 崔铁军,李莎莎,马云东,等.具有可控与不可控因素系统的可靠性维持方法[J].计算机应用研究,2018,35(11):3217-3219.

[42] CUI T J,WANG P Z,LI S S. The function structure analysis theory based on the factor space and space fault tree[J]. Cluster computing,2017,20 (2):1387-1399.

[43] 崔铁军,李莎莎,王来贵.系统功能结构最简式分析方法[J].计算机应用研究,2019,36(1):27-30.

[44] 崔铁军,李莎莎,王来贵.完备与不完备背景关系中蕴含的系统功能结构分析[J].计算机科学,2017,44(3):268-273.

[45] 崔铁军,李莎莎,韩光,等.SFT中的因素作用路径与作用历史[J].计算机应用研究,2018,35(8):2371-2373.

[46] 李莎莎,崔铁军,马云东,等.基于包络线的云相似度及其在安全评价中的应用[J].安全与环境学报,2017,17(4):1267-1271

[47] 崔铁军,李莎莎,王来贵.基于属性圆的多属性决策云模型构建与可靠性分析应用[J].计算机科学,2017,44(5):111-115.

[48] 李莎莎,崔铁军,马云东.基于云模型的变因素影响下系统可靠性模糊评价方法[J].中国安全科学学报,2016,26(2):132-138.

[49] 崔铁军,马云东.基于AHP-云模型的巷道冒顶风险评价[J].计算机应用研究,2016,33(10):2973-2976.

[50] 李莎莎,崔铁军,马云东.基于合作博弈-云化AHP的地铁隧道施工方案选优[J].中国安全生产科学技术,2015,11(10):156-161.

[51] 崔铁军,马云东.基于云化ANP的巷道冒顶影响因素重要性研究[J].计算机应用研究,2016,33(11):3307-3310.

[52] 崔铁军,李莎莎,马云东,等.基于Markov和SFT的同类元件系统中元件维修率分布确定[J].计算机应用研究,2017,34(11):3255-3258.

[53] 崔铁军,李莎莎,马云东,等.不同元件构成系统中元件维修率分布确定[J].系统科学与数学,2017,37(5):1309-1318.

[54] 崔铁军,李莎莎.空间故障树与空间故障网络理论综述[J].安全与环境学报,2019,19(2):399-405.

[55] 崔铁军,李莎莎,朱宝岩.空间故障网络及其与空间故障树的转换[J].计算机应用研究,2019,36(8):2400-2403.

[56] 刘万里,刘卫锋,常娟.AHP中互反判断矩阵的区间权重确定方法[J].统计与决策,2021,37(6):33-37.

[57] 许将军,彭旭,吕伟,等.基于全局冲突系数的证据权重确定及合成研究[J].计算机科学,2020,47(增刊2):591-592.

[58] 张曦,戴二玲,黄嘉南.建设项目社会稳定风险估计中风险因素权重确定方法的优选研究:基于问卷调查类型与信度指标的匹配性[J].建筑经济,2020,41(11):101-108.

[59] 耿秀丽,薄振一.基于网络博弈的顾客需求权重确定方法[J].计算机集成

制造系统,2020,26(10):2792-2798.

[60] 肖枝洪,王一超.关于"评测指标权重确定的结构熵权法"的注记[J].运筹与管理,2020,29(6):145-149.

[61] 张卫中,李梦玲,康钦容,等.最优传递矩阵改进 AHP 及其在露天矿台阶爆破参数权重确定中的应用[J].矿业研究与开发,2020,40(6):28-31.

[62] 孔造杰,李斌.基于理想点-矢量投影法的创新需求权重确定方法[J].运筹与管理,2020,29(2):108-115.

[63] 林原,战仁军,吴虎胜.基于犹豫度和相似度的专家权重确定方法及其应用[J].控制与决策,2021,36(6):1482-1488.

[64] 连晓振,李玉鹏,于旋,等.模糊随机环境下的汽车租赁方案指标权重确定方法研究[J].机械设计与制造,2019(12):268-271.

[65] 李海珠,邓瑞祥,王选仓,等.基于区间值犹豫模糊熵的 DB 模式指标权重确定[J].土木工程与管理学报,2019,36(5):96-101.

[66] 付强.煤巷围岩稳定性评价指标权重确定方法[J].煤矿安全,2019,50(3):199-202.

[67] 张振刚,盛勇,欧晨.基于 FAHP-CEEMDAN 的指标权重确定方法[J].统计与决策,2019,35(2):79-83.

[68] 张家伟,邹术才,黄茂杰,等.基于标准 POS 算法的互反判断矩阵权重确定法[J].广西大学学报(自然科学版),2018,43(6):2490-2495.

[69] 田启华,黄超,于海东,等.基于 AHP 的耦合任务集资源分配权重确定方法[J].计算机工程与应用,2018,54(21):25-30.

[70] 彭连贵,阎瑞霞,陈昭君.多粒度粗糙集粒度权重确定的综合方法[J].计算机应用研究,2019,36(11):3250-3252.

[71] 刘宏涛,赵希男,侯楠.基于主客体双重视角的专家权重确定方法[J].统计与决策,2018,34(12):34-38.

[72] 施振佺,陈世平.基于粗糙集和知识粒度的特征权重确定方法[J].科技管理研究,2018,38(12):248-253.

[73] 许翔,黄侨,任远,等.基于群组 AHP 的悬索桥状态评估指标权重确定[J].湖南大学学报(自然科学版),2018,45(3):122-128.

[74] 万荣,阎瑞霞.基于粗糙集和模糊层次分析法的客户需求权重确定方法[J].科技管理研究,2018,38(4):204-208.

[75] 胡晓娟,周珊,陈铁.基于双重故障模式的微型电网电压自愈控制方法研究[J].电源学报,2021,19(5):102-107.

[76] 章江铭,姚力,杨思洁,等.基于分故障模式威布尔分布模型的电能表寿命

预判及验证[J].电测与仪表,2021,58(07):195-200.

[77] 周文财,魏朗,邱兆文,等.模糊环境下汽车故障模式风险水平综合评价方法[J/OL].机械科学与技术:1-9[2021-04-17].https://doi.org/10.13433/j.cnki.1003-8728.20200297.

[78] 韩卫宇,程龙生.结合马田系统-SVM的滚动轴承故障模式分类研究[J].计算机工程与应用,2021,57(6):239-246.

[79] 王召广,杨宇飞,闫召洪,等.基于ReliefF-LMBP算法的涡轴发动机气路故障模式识别[J].推进技术,2021,42(1):220-229.

[80] 古莹奎,毕庆鹏,何力韬.2种故障模式下的定期检测与备件订购优化模型[J].中国安全科学学报,2020,30(9):43-50.

[81] 齐敏,吴瑶,朱剑,等.基于故障模式分析的核安全级DCS冗余功能测试方法[J].核动力工程,2020,41(4):185-190.

[82] 张帆,冯引利,高金海,等.基于局部结构的涡轮导向器屈曲故障模式分析[J].燃气涡轮试验与研究,2020,33(4):15-20.

[83] 李俊,刘永葆,余又红.基于经验模态分解剩余信号能量特征的滚动轴承故障模式智能识别[J].燃气涡轮试验与研究,2020,33(3):28-32.

[84] 罗佳,黄晋英.基于小波包和神经网络的行星齿轮箱故障模式识别技术[J].火力与指挥控制,2020,45(4):178-182.

[85] 邵璐璐,韩继红,牛侃,等.基于加权证据理论的故障模式分析方法研究[J].系统仿真学报,2020,32(5):782-791.

[86] 王育炜,韩秋实,王红军,等.滚动轴承VMD能量熵与PNN故障模式识别研究[J].组合机床与自动化加工技术,2020(4):47-50.

[87] 赵建华,刘航,王鑫玮,等.故障模式下斜盘式轴向柱塞泵的流体振动传递路径分析[J].机床与液压,2020,48(6):1-9.

[88] 李莎莎,崔铁军.基于故障模式的SFN中事件重要性研究[J].计算机应用研究,2021,38(2):444-446.

[89] 张安安,黄晋英,冀树伟,等.基于卷积神经网络图像分类的轴承故障模式识别[J].振动与冲击,2020,39(4):165-171.

[90] 程卫东,尹尧心.基于MP稀疏分解与空间点群的机械故障模式表征方法[J].北京交通大学学报,2020,44(1):98-105.

[91] 别锋锋,张仕佳,裴峻峰,等.基于小波阈值与CEEMDAN联合去噪的滚动轴承故障模式识别方法研究[J].机械设计与制造,2020(2):68-71.

[92] 杨健,杨力,盛武.分布式光纤扰动传感系统故障模式识别仿真[J].计算机仿真,2020,37(1):444-447.

[93] 梁开荣,李登峰.收益为三角模糊数的双边链路网络形成优化非合作-合作两型博弈方法[J/OL].控制与决策:1-10(2020-01-03)[2021-04-17].https://doi.org/10.13195/j.kzyjc.2020.1303.

[94] 周芳,朱朝枝.基于模糊合作博弈的农村三产融合合作收益分配[J].数学的实践与认识,2021,51(7):320-328.

[95] 商希雪,韩海庭,朱郑州.基于演化博弈的数据收益权分配机制设计[J].计算机科学,2021,48(3):144-150.

[96] 陆承宇,江婷,邓晖,等.基于合作博弈的含清洁能源发电商参与现货市场竞价策略及收益分配[J].电力建设,2020,41(12):150-158.

[97] 胡本勇,张家维.基于收益共享的移动 App 供应链合作的博弈分析[J].管理工程学报,2020,34(5):137-144.

[98] 李壮阔,陈水鹏.联盟收益不确定下合作博弈的多目标粒子群扩展算法求解[J].数学的实践与认识,2020,50(13):25-37.

[99] 张秋霞,何留杰,张来顺.基于联盟博弈的云任务调度及 Shapley 值法的收益分配模型[J].计算机应用与软件,2020,37(5):275-280.

[100] 徐杰,李果林.风险收益动态视角下政府与社会资本合作演化博弈分析[J].软科学,2020,34(6):126-130.

[101] LIN G Y,FENG X F,LU S X. Revenve optimization strategy of V2G based on evolutionary game[J]. Journal of Southeast University (english edition),2020,36(1):50-55.

[102] 彭勇,高鹤,李新新.基于博弈论的小区泊位共享最优收益分配分析[J].中国科技论文,2020,15(2):221-227.

[103] 于晓辉,杜志平,张强,等.一种资源投入不确定情形下的合作博弈形式及收益分配策略[J].运筹学学报,2019,23(4):71-85.

[104] 刘佳,王先甲.网络博弈合作剩余收益分配的协商方法[J].系统工程理论与实践,2019,39(11):2760-2770.

[105] 聂靓.收益共享契约下体育用品流通双渠道供应链博弈分析[J].商业经济研究,2019(18):180-182.

[106] 刘俊,王超,陈津莼,等.基于博弈论的城镇能源互联网多市场主体收益模型[J].电力系统自动化,2019,43(14):90-96.

[107] 周忠宝,任甜甜,肖和录,等.资产收益序列相依下的多阶段投资博弈模型[J].管理科学学报,2019,22(7):66-88.

[108] 张墨,陈恒,贯君,等.政策影响下企业开放与独占创新收益分配策略的演化博弈研究[J].贵州财经大学学报,2019(3):64-74.

[109] 秦婷,刘怀东,王锦桥,等.基于讨价还价博弈理论的分布式能源合作收益分配模型[J].电力自动化设备,2019,39(1):134-140.

[110] 张锋辉,符茂胜,何富贵.基于马尔科夫博弈的云代理与微云收益优化[J].计算机工程与设计,2018,39(12):3628-3632.

[111] 赵克勤.集对分析与熵的研究[J].浙江大学学报(社会科学版),1992,22(2):68-75.

[112] 罗颖婷,许海林,林春耀,等.基于集对分析的变压器故障案例检索方法[J].高压电器,2021,57(1):182-188.

[113] 王雷,崔朝臣.基于改进集对分析的航空地面空调间歇故障分析[J].机床与液压,2019,47(18):45-50.

[114] 陈泗贞,梁竞雷,卢迪勇,等.基于COMTRADE模型的电力系统多源故障数据融合分析方法[J].电力科学与技术学报,2019,34(3):92-100.

[115] 栗然,李永彬,翟晨曦,等.基于集对分析和风险理论的变电站主接线综合评价[J].电力系统保护与控制,2017,45(11):81-88.

[116] 姜万录,杨凯,董克岩,等.基于CHMM的轴承性能退化程度综合评估方法研究[J].仪器仪表学报,2016,37(9):2014-2021.

[117] 孙艺新,秦超,张玮,等.基于故障树方法的供电可靠性灰色关联分析[J].中国电力,2016,49(5):14-19.

[118] 赵玉铃,赵克勤.基于多元两重联系数的汽轮机故障诊断[J].现代制造工程,2016(2):155-160.

[119] 谢龙君,李黎,程勇,等.融合集对分析和关联规则的变压器故障诊断方法[J].中国电机工程学报,2015,35(2):277-286.

[120] 刘英,陈宇,陈志恒.基于集对分析理论的金刚滚轮转动系统故障树分析[J].机械科学与技术,2014,33(9):1335-1339.

[122] 黄加亮,谢敢,黄朝霞.基于SPA的船用柴油机热工故障诊断研究[J].船舶工程,2014,36(2):48-51.

[123] 张根保,范秀君,张恒,等.基于集对分析理论的复杂机电产品故障树分析[J].机械设计,2014,31(1):8-11.

[124] 高亮,孙卫.多特征不确定时间序列的关联趋势分析[J].计算机应用研究,2012,29(9):3255-3258.

[125] 仝达,孙秀芳,王缅,等.基于故障树分析法的识别单元可靠性分析[J].现代制造工程,2012(4):122-125.

[126] 黄大荣,姜辉,汪鹏.集对分析的弹炮结合防空武器系统可靠性分析[J].火力与指挥控制,2012,37(3):43-45.

[127] 王威,田杰,郭小东,等.地下管线可靠性分析的 FTA-SPA 模型[J].建筑科学,2011,27(增刊 2):84-86.

[128] 安磊,王绵斌,谭忠富.基于集对故障树法的输变电工程风险评估模型[J].华东电力,2011,39(1):12-18.

[129] 高亮,孙卫,朱荣昌.信息不确定条件下时间序列的关联分析法[J].西安交通大学学报,2010,44(6):67-71.

[130] 黄大荣,黄丽芬.基于集对分析联系数故障树的 BA 系统可靠性分析[J].计算机应用研究,2010,27(1):111-113.

[131] 王志芳,严新平,袁成清.摩擦学系统状态辨识的集对分析方法[J].武汉理工大学学报,2007,29(8):131-134.

[132] 崔铁军.系统故障演化过程描述方法研究[J].计算机应用研究,2020,37(10):3006-3009.

[133] CUI T J,LI S S. Research on complex structures in space fault network for fault data mining in system fault evolution process[J]. IEEE access,2019,7:121881-121896.

[134] 崔铁军,李莎莎,朱宝艳.含有单向环的多向环网络结构及其故障概率计算[J].中国安全科学学报,2018,28(7):19-24.

[135] 何华灿.重新找回人工智能的可解释性[J].智能系统学报,2019,14(3):393-412.

[136] 何华灿.泛逻辑学理论:机制主义人工智能理论的逻辑基础[J].智能系统学报,2018,13(1):19-36.

[137] 施端阳,胡冰,陈嘉勋,等.改进突变级数法的雷达装备保障性评估模型[J].现代防御技术,2020,48(1):89-94.

[138] 郭隆鑫,李希建,刘柱.基于改进层次分析法-突变理论的煤矿顶板事故风险分析[J].煤炭工程,2020,52(3):172-176.

[139] 郭延华,李乐昱.基于改进熵权-突变级数法的岩爆等级评判[J].河北工程大学学报(自然科学版),2019,36(3):67-71.

[140] 许秀娟.突变级数法在城市基础设施水平空间差异评价中的应用[J].工程管理学报,2018,32(6):81-86.

[141] 邓长涛,严超君,董菁.基于突变理论的工业园区环境风险评价[J].陕西水利,2018(6):98-101.

[142] 李绍飞,陈伏龙,余萍,等.平原区浅层地下水污染风险评价[J].武汉大学学报(工学版),2018,51(12):1035-1040.

[143] 蒋云良,赵克勤.人工智能集对分析[M].北京:科学出版社,2017.

[144] 赵克勤. 集对分析对不确定性的描述和处理[J]. 信息与控制,1995, 24(3):162-166.

[145] 赵森烽,赵克勤. 几何概型的联系概率(复概率)与概率的补数定理[J]. 智能系统学报,2013,8(1):11-15.

[146] 赵森烽,赵克勤. 概率联系数化的原理及其在概率推理中的应用[J]. 智能系统学报,2012,7(3):200-205.

[147] RAMANUJAM V. An objective approach to faculty promotion and tenure by the analytic hierarchy process[J]. Research in higher education, 1983,18(3):311-331.

[148] NIEMIRA M P,SAATY T L. An analytic network process model for financial-crisis forecasting[J]. International journal of forecasting,2004, 20(4):573-587.

[149] CUI T J,LI S S. System movement space and system mapping theory for reliability of IoT[J]. Future generation computer systems,2020,107: 70-81.

[150] 崔铁军,马云东. 系统可靠性决策规则发掘方法研究[J]. 系统工程理论与实践,2015,35(12):3210-3216.

[151] 陈艳,吕云翔,柴访,等. 动态激励视角下建筑工人不安全行为演化博弈分析[J]. 安全与环境工程,2020,27(1):197-203.

[152] 王增光,卢昱,李玺. 基于不完全信息博弈的军事信息网络主动防御策略选取[J]. 兵工学报,2020,41(3):608-617.

[153] 崔铁军,李莎莎. 空间故障树理论改进与应用[M]. 沈阳:辽宁科学技术出版社,2019.